LED 조명용 구동 회로

정항근 지음

청문각

머리말

긴 인류의 역사 속에서 지난 수백 년 동안 과학기술은 눈부시게 발전하였다. 조명 기술도 예외가 아니다. 백열등이 발명된 지 불과 100여 년이 흐른 후에 백색 LED가 발명되어 효율과 수명이 기존 광원에 비하여 획기적으로 개선됨으로써, 최근 조명 기술의 새로운 혁명이 시작되었다.

LED의 효율은 이미 백열등에 비해서 10배가 넘고, 이미 형광등을 넘어섰으며, 아직도 효율이 개선되고 있다. 또한 수명도 백열등의 50배 이상, 형광등의 5배 이상이다. LED 등기구의 가격이 높아 초기 비용은 많이 들지만, 전기 요금이 절감되고, 램프 교체 주기가 길기 때문에 종합적으로 경제성을 분석해서 비교할 필요가 있다.

세계 대부분의 나라에서는 이산화탄소의 배출을 줄이기 위하여 이미 백열등의 생산을 중단시켰으며, 환경보호를 위하여 2020년경부터 형광등의 생산도 금지할 계획이어서 머지않아 광원의 대부분은 LED로 교체될 수밖에 없는 실정이다.

LED의 단점은 기존 광원에 비하여 온도 특성이 좋지 않고, 전압에 따라 전류가 민감하게 변하여 구동이 까다롭다는 점이다. 따라서 성공적인 LED 조명을 위해서는 LED 광원의 장점을 살릴 수 있도록 효율과 수명이 높으면서 가격은 비싸지 않은 구동 회로를 설계하는 것이 매우 중요하다. 구동 회로의 수명을 LED와 맞먹는 수준으로 길게 하기 위해서는 방열이 효율적으로 이루어져야 하고, 수명이 짧은 전해 커패시터를 사용하지 않아야 한다.

상용 교류 전원에 LED 등기구를 연결할 때에는 선로 손실을 줄이고 타 기기의 동작을 방해하지 않도록, 역률이 일정 값 이상이 되어야 한다. 또한 이미 설치되어 있는 백열등용 조광기나 형광등용 점등회로와 LED 구동회로가 호환성이 있으면 교체 작업이 용이하여 LED 등기구의 보급에 도움을 줄 것이다.

이 책의 전반부에서는 LED 조명의 기초를 다루고, 후반부에서는 LED 구동회로의 제반 문제에 대하여 기존의 연구개발 결과를 소개하였다. 아무쪼록 이 책이 LED 구동 회로 설계에 관심을 가진 독자에게 도움이 되길 바란다.

2015년 12월

정 항 근

차례

제 1 장 LED 조명

1-1 빛 * 9

제 2 장 빛과 시각

2-1 빛 * 19
2-2 시각 * 22
2-3 색의 삼요소 * 24
2-4 빛의 혼합과 물체와의 상호작용 * 24
2-5 색 공간 * 26

제 3 장 조명의 기초

3-1 이상적인 조명의 조건과 조명의 종류 * 35
3-2 조명의 기본 용어 * 37
3-3 광원 * 42
3-4 발라스트 * 44

제 4 장 LED

4-1 LED 기술의 발전 역사 * 49
4-2 LED의 동작 원리와 특성 * 52
4-3 백색 LED * 60

제 5 장 LED 구동 회로의 개요

5-1 LED 구동 회로 * 65
5-2 설계 시 고려 사항 * 74
5-3 LED 조명 표준 * 75

제 6 장 스위칭 레귤레이터

6-1 스위칭 레귤레이터의 개요 * 85
6-2 스위칭 레귤레이터의 종류 * 88
6-3 스위칭 레귤레이터의 용어 * 100
6-4 스위칭 레귤레이터의 기본 법칙 * 102
6-5 벅 컨버터 동작의 해석 * 103
6-6 컨버터의 소신호 모델링과 제어 회로의 주파수 보상 * 108

제 7 장 역률교정회로

7-1 역률의 정의 * 117
7-2 역률교정회로 * 119
7-3 PFC 전원 구조 * 127

제 8 장 기설치 등기구와의 호환성

8-1 트라이악 조광기와의 호환성 * 133
8-2 형광등 발라스트와의 호환성 * 138

제 9 장 고신뢰도 LED 구동 회로

9-1 방열 설계 * 147
9-2 무 전해커패시터 구동 회로 * 151

제 10 장 LED 구동용 스위칭 레귤레이터

10-1 최대 전류 제어 방식 * 159
10-2 히스터레틱 제어 방식 * 161
10-3 상용 교류전원 급전 방식 LED 구동 회로 * 163
10-4 LLC 공진형 컨버터 * 169
10-5 AC 직접 구동 * 176
10-6 벅 컨버터 방식의 LED 구동 회로 * 180

찾아보기 * 186

제 1 장

LED 조명

1-1 빛

1-1 빛

조명은 광선으로 밝게 비춤 또는 그러한 광선을 뜻한다. 조명은 고대 그리스 건축물에서 볼 수 있는 바와 같이 자연광을 이용하는 조명도 있으나, 이 책에서의 조명은 인공광을 이용하는 조명을 뜻한다.

조명은 동굴내 활동이나 야간 활동을 원활하게 하기 위해 불을 사용하기 시작한 데서 유래하였다고 보고 있으며, 횃불은 최초의 휴대용 조명기구라고 할 수 있다. 등 또는 양초를 이용하는 조명은 종교 건축물이나 의식에서 생명력, 기쁨, 지혜와 같은 긍정적인 상징으로서 널리 사용되었다. 밀납으로 만든 양초는 귀했기 때문에 주로 교회에서 사용하다가 14세기에 이르러서야 동물성 지방으로 만든 양초가 일반 가정에까지 보급되었다. 가스등이나 전등의 경우에도 최초 개발 직후에는 고가였기 때문에 부와 신분의 상징이었으며, 일반인이 그 혜택을 누릴 수 있기까지는 상당한 시일이 소요되었다.

조명 기구에서 나온 빛은 공기를 투과하여 직접 우리 눈에 들어오거나, 물체에 흡수되고 반사된 후 우리 눈에 들어와 눈의 시각세포에 의하여 감각된다. 인간이 얻는 정보의 90% 이상은 시각을 통하여 얻는다고 한다. 시각은 명암과 색채 인식을 통하여 주위 물체의 윤곽, 무늬 등의 정보를 주게 된다.

약 40만 년 전에 북경인이 거주하였던 동굴에서 불을 사용한 흔적이 발견되었으며, 약 3만년전에 남부 유럽의 크로마뇽인에 의하여 라스코 동굴에 그려진 벽화 역시 깊은 동굴에서 그렸기 때문에 조명 기술의 사용을 전제하고 있다. 라스코 동굴에서는 15,000년 전에 조명 기구로 사용한 것으로 추정되는 조개껍질 또는 속을 파낸 돌맹이와 같은 내연성 용기도 발굴되었다. 크로마뇽인은 조명을 위하여 이러한 내연성 용기에 동물성 지방과 같은 가연성 물질을 연소시킨 것으로 보인다.

기원전 5,000년경에는 기름진 조류나 생선에 심지를 박아 조명 기구로 사용하였거나, 반딧불을 잡아 조명으로 사용한 기록이 있다. 조명 기구의 연료로는 올리브유, 참기름, 견과류유, 어유, 피마자유 등 다양한 연료가 사용되었다. 기원전 2600년경에 수메르인들은 설화석고로 조개껍질 모양의 조명 기구를 사용하였다. 또한 흥미로운 점은 반사판이 필요한 것을 깨닫고, 동굴 벽을 그러한 목적으로 사용한 흔적도 발견되었다.

기원전 600년경에는 도자기 램프가 개발되어 널리 보급되기 시작하였으며, 양초는 유래가 명확하진 않지만 늦어도 기원후 4세기경부터 사용하기 시작한 것으로 추정하고 있다. 일부에서는 기원전 3,000년경 이집트와 크레타 문명 유적에서 촛대가 발굴되었기 때문에 양초 역시 오래 전부터 사용한 것으로 보고 있다. 벌의 밀납으로부터 만들어진 고급 양초는 주로 기독교의 종교 의식에서 사용되었고, 14세기가 지나서야 동물성 지방으로 만든 양초가 보급되어 가정에서 널리 사용되기 시작하였다. 1830년경에는 향유고래로부터 만든 양초를 널리 사용하기 시작하였으며, 1850년대 중반에는 광유로부터 얻은 파라핀(1830년 발명) 왁스로 저렴하게 만든 양질의 초가 널리 사용되기 시작하였다.

조명 기술은 획기적인 발전 없이 진화하여 오다 1780년대 중반에 이르러서 아간드가 연기가 발생하지 않는 완전 연소를 위하여 텅빈 둥근 심지와 유리 굴뚝을 가진 오일 램프를 개발하면서 광량을 크게 증가시키는 획기적인 발전을 이룩하였다. 비슷한 시기에 코크스 생산의 부산물로 얻은 석탄 가스를 사용하는 가스등이 널리 보급되었다. 영국의 경우 1850년대 말에는 가스등이 조명 수단의 주류가 되었다.

데이비는 1810년에 2,000개가 넘는 전지를 사용하여 탄소봉에 고압을 인가함으로써 전기 아크 방전을 일으켜 전기 조명의 가능성을 보여 주었다. 안정적인 대규모의 전력 공급이 이루어지기 전의 전기 조명은 보급에 한계가 있었다. 또한 아크 방전은 좁은 공간의 조명에 사용되기에는 너무 밝았다. 페러데이의 법칙이 발전의 이론적인 원리를 정립하였지만, 대규모의 발전은 1849년이 되어서야 시도되었다.

1860년에 영국의 죠셉 윌슨 스완 경은 세계 최초로 전구를 발명하였으나, 진공 기술의 부족으로 필라멘트의 수명이 너무 짧아 실용화되지 못하였다. 1879년 스완 경은 전구 내의 공기를 뽑아내면서 필라멘트를 가열하는 방법으로 공기를 거의 제거하여 필라멘트가 산화되는 것을 막아 문제를 해결하였다. 1878년부터 토마스 에디슨은 전구를 실용화하기 위하여 본격적인 연구를 시작하여, 같은 해 10월 14일 첫 번째 특허를 출원하였으며, 계속 필라멘트를 개량하는 노력을 기울여 이듬해 11월에 또 다른 특허를 출원하기에 이르렀다. 특허 출원 후 몇 개월이 지난 후에 대나무 필라멘트가 1,200시간 이상 견디는 것을 알게 되어 1880년에는 최초의 상업용 백열전구를 생산함으로써 조명의 새로운 역사가 시작되었다. 1898년에는 오스뮴 필라멘트가 개발되었으며, 1903년에는 탄탈륨 필라멘트가 도입되었다. 1909년에는 드디어 텅스텐을 가늘게 뽑을 수 있는 기술이 성공적으로 개발되어 오늘날의 백열등 제조 기술이 완성되었다.

1675년에 파카르드는 수은이 들어있는 기압계에서 수은을 흔들 때 희미한 빛이 발생하는 것을 관찰하였다. 1838년에는 페러데이가 방전에 의한 발광 실험을 실시하였고, 1859년 가이슬러는 희박화된 가스에 전류를 흘릴 때 빛이 나오는 가이슬러관을 발명하였다. 같은 해에 베커럴은 가이슬러관에 인을 코팅할 때의 효과를 보여주었다. 1901년에는 쿠퍼-휴이트가 수은 증기등을 개발하였으며, 1904년에는 무어가 질소나 이산화탄소가 충전된 직관형 방전관을 만들었다. 1910년에는 클로드가 저압 네온 방전등이 강렬한 오렌지색 빛을 방출한다는 것을 발견하였고, 1934년에는 고압 수은등이 도입되었다. 1926년에는 저머가 형광등 특허를 출원하였으며, 1939년부터는 형광등이 널리 보급되기 시작하였다. 1976년에는 무전극 유도 형광등이 개발되어 수명을 획기적으로 증가시켰으며, 1980년대에는 백열등과 호환성이 있는 소형 형광등이 개발되었다.

전류의 흐름에 의하여 빛이 발생하는 전기냉광 현상은 1907년 라운드가 실리콘 카바이드 결정에 금속 탐침을 접촉시킨 반도체-금속 결합에 전류를 흘림으로써 발견되었다. 1927년에는 로세프가 LED(발광다이오드)를 만들어 상세한 연구결과를 학계에 보고하였다. 1955년에는 브라운쉬타인이 갈륨비소 등의 화합물 접합에 의한 적외선 방출을 보고하였다. 1962년에는 홀로냑에 의하여 새로운 발광 기술로서 최초의 가시광선(적색) LED

가 개발되었으며, 1972년에는 크래포드가 최초의 황색 LED를 발명하고, 적색 LED의 밝기를 10배나 증가시켰다. 이러한 LED는 주로 전자계측장비, 가전제품, 계산기, 시계 등에 표시소자로서 사용되기 시작하였다. 초기의 가시광선 LED와 적외선 LED는 매우 고가였으나, 1968년에 비소화인화갈륨(GaAsP)를 이용한 LED가 대량생산되면서 널리 보급되었다.

조명에 LED를 사용하려면 백색광을 만들어야 하기 때문에 청색 LED가 필요하다. 이에 따라 RCA는 짧은 파장인 청색 빛을 방출할 수 있도록 밴드갭이 큰 질화갈륨으로 LED를 만들기 위하여 노력하였으나, 성장된 질화갈륨 결정에 결함이 많아 포기하였다. 그러나 나고야 대학의 아카사키 그룹에서는 연구를 계속하여 1986년에 사파이어 결정에 질화알루미늄 버퍼층을 성장시킨 후, 그 위에 질화갈륨층을 성장시키는 기술을 개발하여 결함을 대폭 줄이는데 성공하였으며, 이를 기반으로 1989년 종전의 LED보다 100배나 밝은 첫 상용 LED 출시를 발표하였다. 1986년 아카사키 그룹의 연구결과에 고무된 니치아의 나카무라는 도핑 방법을 개선하여 원가를 줄인 공정으로 성능이 더 우수한 LED를 만들어 LED 조명시대를 활짝 열었다.

일반적으로 조명을 위한 **등기구**(luminaire)는 광원과 함께 광을 분배하고 원하는 방향으로 보내는 기능, 광원을 보호하는 기능, 광원을 전원에 연결하는 기능을 수행한다. 등기구는 빛이 눈부심(glare)이나 불쾌감을 주지 않도록 광을 분배해야 한다.

그러한 기능을 수행하기 위하여 등기구는 광원인 전구, 소켓, 점등회로(ballast), 반사판(reflector), 렌즈 및 확산판(diffuser), 루버(louvers), 하우징으로 구성되어 있다. 반사판은 빛을 원하는 방향으로 보내기 위한 판이며 하우징과 결합될 수도 있다. 광원으로부터 눈부심 영역(법선과 55도 이상의 각도 이상의 영역)으로 빛이 나오면 불쾌감을 주고 반사를 일으켜 명암대비(contrast)를 떨어뜨린다. 눈부심을 방지하기 위하여 렌즈와 확산판 또는 루버를 사용한다. 렌즈와 확산판은 광원을 직접 보는 것을 막아 주어 눈부심을 막는다. 루버는 광차단판을 기하학적으로 배열한 구조물로서 눈부심 현상을 효과적으로 막아준다. 등기구를 설계할 때에는 용도에 따라 요구되는 광속, 조도, 전력 소모, 수명, 동작 온도, 습도, 색온도, CRI, 부피, 설치 용이성, 가격, 미관 등을 종합적으로 고려해야 한다.

등기구의 핵심 구성 요소인 광원의 발광 메커니즘은 크게 **백열광**(白熱光, incandescence)과 **냉광**(冷光, luminescence)으로 나눌 수 있다. 물질 내 전자의 열운동에 의하여 방출된 전자파의 스펙트럼 중 가시광선에 해당하는 빛을 이용하는 발광을 백열광이라 하고, 외부 요인에 의하여 여기된 전자에 의한 빛의 방출을 냉광이라 한다.

백열광은 흑체복사에 의하여 설명할 수 있으며 연속 스펙트럼을 갖는 전자파가 방출된다. 온도가 올라갈수록 방출되는 단위 시간당 빛의 에너지가 증가하며, 첨두 스펙트럼의 파장이 짧아진다.

냉광은 여기 메커니즘에 따라 다음과 같이 분류할 수 있다.

(1) **전기냉광**(電氣冷光, electroluminescence) : 이온화된 가스 혹은 반도체 접합에 흐르는 전류에 의한 발광

(2) **광냉광**(光冷光, photoluminescence) : 물질 내 전자가 빛을 흡수하여 더 높은 에너지 준위로 올라갔다가 낮은 에너지 준위로 이동하면서 흡수된 빛의 파장보다 긴 파장의 빛을 발생

형광(亨光, fluorescence) : 빛을 조사할 때만 발광

인광(燐光, phophorescence) : 형광보다 긴 시간 발광

(3) **화학냉광**(化學冷光, chemiluminescence): 화학결합이 끊어지면서 발생하는 에너지에 의한 발광으로서 번개, 화학발광막대, 루미놀

(4) **생물냉광**(生物冷光, bioluminescence) : 화학냉광의 한 종류로서 생물 내에서 일어나는 화학반응에 의한 발광으로서 반딧불, 물고기와 해파리 등 해양생물, 곰팡이 등

(5) **마찰냉광**(摩擦冷光, triboluminescence) : 물질이 기계적으로 분해될 때

이 외에도 **방사선냉광**(放射線冷光, radioluminescence), **음향냉광**(音響冷光, sonoluminescence), **음극선냉광**(陰極線冷光, cathodoluminescence) 등이 있다.

LED 조명은 발열을 통한 흑체 복사에 의존하는 백열광이 아니고, 전자의 에너지 준위 천이에 의존하는 냉광이기 때문에 효율이 높으며, 타 냉광 기반 조명 기술과 비교하여 다음과 같은 장점이 있다.

1. 효율이 높아 전력 소모를 감소시킨다. 조명에 소비되는 전력은 전체 전력 사용량의 약 20%를 차지하고 있으며, LED 조명은 전력 사용을 백열등에 비하여 1/5 ~ 1/4 이하로 획기적으로 줄일 수 있다. 특히 백열등을 LED로 교체하는 경우 전기 에너지 절

약에 크게 기여할 수 있다. 특히 원자력 발전소의 안전에 대한 우려 및 방사성 폐기물 처리의 어려움 때문에 전기 에너지의 절약은 더욱 중요해지고 있다.

2. 적정 온도에서 동작시키면 수명이 50,000 ~ 100,000 시간 정도로서 다른 광원에 비하여 월등하게 길다. 따라서 교체에 따른 광원 비용과 인건비 등을 절감할 수 있다. LED의 긴 수명과 제대로 살리려면 점등회로의 수명도 LED의 수명과 비슷하게 설계되어야 한다. LED 조명기구의 가격이 높지만 소모 전력이 작아 전기 요금을 절약할 수 있으며, 수명이 길어 교체 주기가 길기 때문에 일정 기간이 지나면 경제적으로 손익분기점을 통과하게 된다. 특히 접근이 어려워 교체에 따른 인건비가 높은 경우에는 LED 조명이 더 유리하다.

3. 형광등처럼 수은을 사용하지 않아 환경친화적이다. 현재 고효율 광원의 하나인 형광등은 수은을 사용하고 있는데 이러한 중금속은 분해가 되지 않고 축적되기 때문에 환경에 치명적인 오염 물질로 분류되고 있다.

4. 고속으로 동작할 수 있기 때문에 고속점멸이 필요한 경우에 사용할 수 있으며, 가시거리 내 광통신용 광원으로도 사용할 수 있다. 데이터를 실어 보내기 위하여 고속 변조를 하여도 인간의 시각에는 평균 밝기만 감각되기 때문에 조명과 통신 두 가지 용도로 겸용할 수 있다.

5. 빛의 삼원색에 해당하는 RGB 3개의 LED를 사용하여 각 광원의 배합비를 조절하면 다양한 색을 합성할 수 있어서 무대 조명이나 감성 조명 등에도 융통성 있게 적용할 수 있다는 점이다.

6. 다른 광원에 비하여 기계적인 충격에 강하다.

그러나 LED 조명은 다음과 같은 단점을 가지고 있다.

1. 가격이 높아 초기 투자 비용이 크다. 그러나 LED 램프 효율이 개선되고, 가격이 하락 추세에 있어서 LED 조명의 경쟁력은 점차 높아질 것으로 전망된다.

2. 전기적 및 광학적 특성이 온도에 따라 민감하게 변하고, 온도가 높아지면 수명도 단축된다. 따라서 온도 변화에 적응하도록 구동회로가 설계되어야 하며, 방열에도 유의

하여 동작 온도가 너무 높아지지 않도록 해야 한다.

3. 다른 광원과 달리 극성이 있어서 한쪽 방향으로만 전류를 흘려 주어야 하며, 흐르는 전류가 전압에 민감하고, 공정 불균일성에 의한 편차도 커서 정교한 구동회로가 필요하다.

주로 표시 소자로서 사용되었던 LED 조명은 1990년대 중반에 청색 LED가 발명되면서 조명에 광범위하게 적용되기 시작하였다. 광고용 전광판, 신호등뿐 아니라 자동차의 브레이크 표시등, 디스플레이 백라이팅, 원예용 조명, 가금류용 조명, 집어등, 휴대용 전등, 무대 조명 등 응용 분야가 매우 넓다. 많은 장점을 가진 LED가 성공적으로 조명에 적용되려면 전력변환효율과 신뢰성이 높고, 기존 조명 인프라와 호환성을 가지면서 상용전력망에 위해를 주지 않는 적정 가격의 구동 회로의 설계가 관건이라 할 수 있다.

이 책에서는 LED 조명용 구동 회로 설계에 필요한 여러 분야의 기초를 정리하여 소개한다. 2장에서는 인간의 시각과 빛에 대하여 알아보고, 3장에서는 조명의 기초 개념과 광원을 다룬다. 4장에서는 LED 소자에 대하여 구조 및 동작 원리, 전기적 · 광학적 · 열적 특성, 모델링에 대하여 설명한다. 5장에서는 LED의 구동회로의 설계 시 고려사항을 알아보고, 6장에서는 주요 LED 구동회로 방식에 대하여 논의한다. 대부분의 조명은 상용 교류 전원으로부터 전력을 공급받기 때문에 표준에서 요구하는 역률에 대한 조건을 충족해야 하므로 역률교정회로가 필요하다. 7장에서는 역률교정의 원리와 구현방법을 다룬다.

새로운 조명 기구의 보급을 용이하게 하기 위해서는 기 설치된 등기구와 호환성이 매우 중요하다. 백열등용 조광기 또는 형광등용 점등장치가 이미 설치되어 제거하기가 용이하지 않거나 그대로 사용하기를 원하는 경우 호환성이 있는 LED 구동회로를 설계할 필요가 있으므로 8장에서는 그러한 문제의 해결책을 살펴본다. LED 조명의 중요한 장점은 수명이 길다는 점인데 두 가지가 전제되어야 한다. 첫째는 동작 온도가 적정 온도를 초과하지 않아야 하는 점이고, 두 번째는 구동회로의 수명도 LED 수명과 비슷하도록 설계되어야 한다는 점이다. 9장에서는 LED의 방열에 대하여 칩 패키지, 보드와 방열판과 방열보조 구조에 이르기까지 소개하고, 구동회로의 신뢰도의 가장 약한 고리인 전해 커패시터를 사용하지 않는 방식에 대하여 알아본다. 마지막으로 10장에서는 LED 구동회로의 대표적인 설계 사례를 살펴본다.

참고 문헌

[1.1] NA Smith, "The history of lamps and lighting", 129-136, Optometry in Practice vol 4, 2003.

[1.2] J. B. Harris, "Electric lamps, past and present"Engineering Science and Education Journal, August 161-170, 1993.

제2장

빛과 시각

2장

2-1 빛
2-2 시각
2-3 색의 삼요소
2-4 빛의 혼합과 물체와의 상호작용
2-5 색 공간

2-1 빛

2.1.1 가시광선

빛은 전자파의 하나로서 우리 눈의 시세포가 반응하는 파장 영역인 380 nm에서 780 nm까지 범위의 파장을 가진 빛을 가시광선이라 한다. 가시광선의 파장에 따른 시세포의 감각 기능에 따른 색 인식은 표 2.1과 같다.

표 2.1 파장에 따른 색 인식

색	파장 (nm)
빨강	635~700
주황	590~635
노랑	560~590
초록	520~560
시안	490~520
파랑	450~490
보라	400~450

그림 2.1에서 보듯이 가시광선에서 파장이 가장 짧은 색인 보라색보다 파장이 짧으면 자외선이 되고, 더 짧아지면 X선이 된다. 가시광선 중 파장이 가장 긴 빨간색보다 파장이 길어지면 적외선이 되고, 더 길어지면 mm파가 된다.

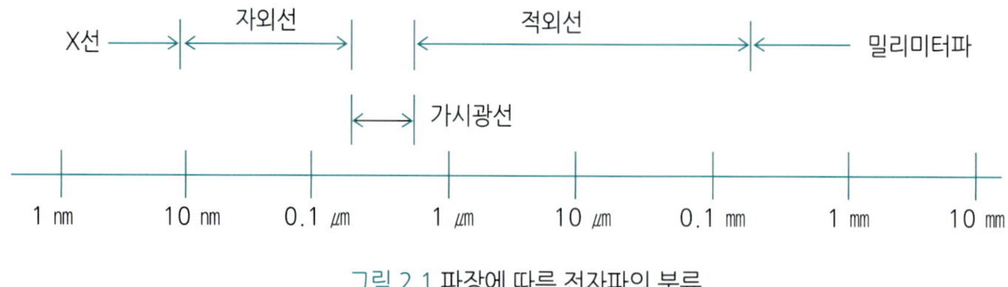

그림 2.1 파장에 따른 전자파의 분류

2.1.2 빛의 성질

빛은 입자와 파동의 이중 성질을 가지고 있으나, 조명 분야에서는 대부분 파동으로 간주하고 다룰 수 있다. 빛은 전자파로서 매질의 특성에 따라 전파 속도가 식 (2.1)과 같이 달라진다.

$$v=\frac{c}{n} \tag{2.1}$$

여기에서 c는 진공에서의 속도인 약 3×10^8 m/s이고, n은 굴절률이다.

그림 2.2와 같이 빛이 다른 매질을 만나면 경계면에서도 전자기 법칙을 따라야 되므로 일부 빛은 반사되고 일부는 굴절된다. 반사각은 입사각과 같게 되고, 굴절각은 스넬의 법칙에 따라 입사각과 물질의 굴절률에 따라 식 (2.2)와 같이 정해진다.

$$n_1 \sin\theta_1 = n_2 \sin\theta_2 \tag{2.2}$$

여기에서 n_1은 매질 1의 굴절률, n_2는 매질 2의 굴절률, θ_1은 입사각, θ_1'은 반사각, θ_2는 굴절각이다.

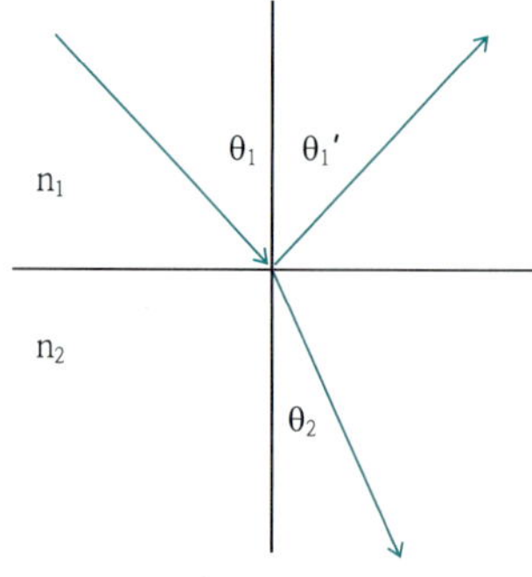

그림 2.2 빛의 반사와 굴절

그림 2.2에서 매질 2의 굴절률이 매질 1의 굴절률보다 큰 것으로 가정하였다. 만약 매질 1의 굴절률이 매질 2보다 높은 경우에는 굴절각이 입사각보다 크게 되고, 입사각이 $\sin^{-1}(\frac{n_2}{n_1})$ 보다 크면 굴절각이 90도 이상이 되어 굴절이 일어나지 않고, 그림 2.3에서 보는 바와 같이 모두 반사하는 전반사가 일어나게 된다. 이러한 전반사를 이용하여 광섬유나 광도파관, LED, 레이저 다이오드 등에서 빛을 특정 영역에 가두어 둘 수 있다.

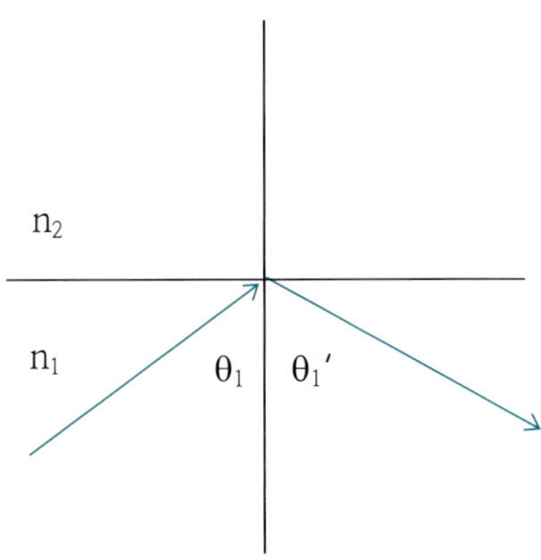

그림 2.3 굴절이 일어나지 않는 전반사

빛이 다른 매질을 만날 때 반사되는 빛의 광파워와 입사 광파워의 비는 프레넬의 법칙에 따라 식 (2.3)과 같이 나타낼 수 있다.

$$R = \frac{(n_2 - n_1)^2}{(n_2 + n_1)^2} \tag{2.3}$$

LED의 빛을 공기 중으로 꺼낼 때에도 만약 유리 렌즈를 사용한다면 유리의 굴절률이 약 1.5이므로 약 4%의 손실이 발생한다.

빛의 굴절률은 파장의 함수이며 보통 파장이 짧을수록 높은 굴절률을 갖기 때문에 청색 빛이 적색 빛보다 굴절각이 크게 되어, 빛이 색깔별로 퍼지게 되는 현상을 분산(dispersion)이라 한다. 만약에 빛을 펄스 형태로 광섬유나 광도파관을 통하여 보낼 때에 파장에 따라 전파 속도가 다르게 되어 펄스가 시간축에서 퍼지게 되는 현상도 분산에 의한 효과이다.

빛이 표면에 비추어지면 반사, 흡수, 투과 세 가지 현상이 일어날 수 있다. 반사되는 빛의 양은 빛의 입사각, 표면의 상태, 빛의 스펙트럼에 따라 다르다. 표면이 거칠면 여러 방향으로 반사하므로 빛이 분산된다. 매끈한 표면은 거울처럼 입사각과 같은 반사각으로 빛을 반사한다. 따라서 거울은 빛을 우리가 원하는 방향으로 보내기 위해 사용할 수 있다. 굴절률이 높은 물질에서 굴절률이 낮은 물질로 빛이 입사할 때 입사각이 일정 값 이상이 되면 모든 빛이 반사되는 전반사가 일어난다. 전반사는 빛을 굴절률이 높은 영역에 가둘 수 있게 하여 광섬유와 같은 도파관이나 발광다이오드와 같은 소자에서 빛을 특정 영역에 모을 때에도 이용된다.

빛은 물체의 표면에서 흡수되어 열로 사라질 수도 있다. 흡수는 빛의 파장과 입사각에 따라 달라진다. 빛이 흡수되면 그 빛이 눈에 보이지 않게 되므로 불투명하게 된다. 빛이 흡수가 일어나는 물질 안에서 전파할 때에는 빛의 세기는 전파 거리에 따라 식 (2.4)와 같이 지수함수적으로 감쇠하게 된다.

$$I(x) = I_0 e^{-\alpha x} \tag{2.4}$$

여기에서 I는 빛의 강도, I_0는 기준점인 x=0에서의 빛의 강도, α는 흡수 계수 이다.

식 2.4에 의하면 두께가 1cm 인 어떤 매질을 통과한 후 빛의 세기가 반절로 줄어드는 경우, 매질의 두께가 2cm가 되면 빛의 세기는 1/4로 감소하게 되며, 이러한 결과는 랑베르의 법칙으로도 설명할 수 있다.

2-2 시각

우리의 시각은 그림 2.4에서 보는 바와 같이 안구의 뒤쪽에 있는 얇은 반투명층인 망막에 있는 빛 감지 세포를 통하여 이루어진다. 망막에는 약 9,000만 개 이상의 막대 세포(간상, rod cell)와 약 600만 개 이상의 원추 세포(cone cell)가 있다. 막대 세포는 감도가 높아 어두운 곳에서 주로 작동하고 명암만 인식하며, 원추 세포는 0.1룩스 이상의 밝은 빛에서만 작동한다.

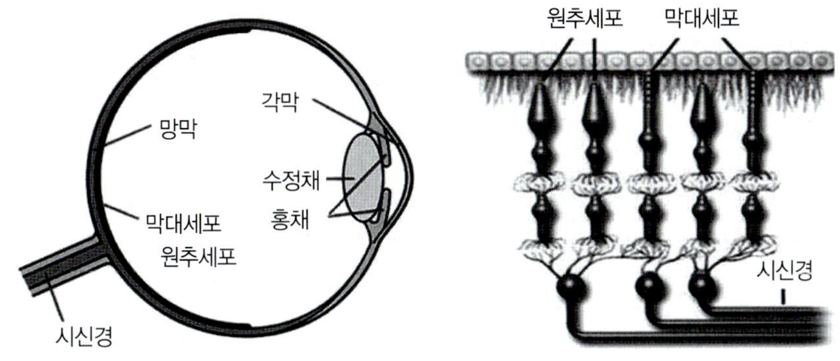

그림 2.4 시각 세포

원추 세포에는 S, M, L 3종류가 있다. 흔히 파란색, 초록색, 빨간색 원추 세포라고 부르지만, 각 원추 세포가 각각 파란색, 초록색, 빨간색 파장에만 반응하는 것이 아니고 그림 2.5에서 보는 바와 같이 최대 감도를 보이는 파란색, 초록색, 빨간 색 파장 주위의 넓은 범위의 파장에 대해서 반응하는 감도 특성을 가지고 있다.

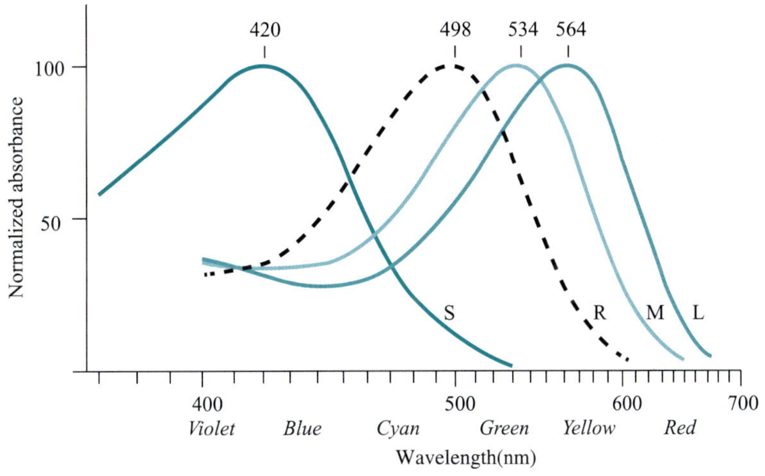

그림 2.5 원추세포와 막대세포의 빛 파장에 따른 감도

색과 밝기는 각 원추 세포의 반응이 어떻게 다른가에 따라 구별된다. 예를 들어, 파장이 570 nm인 빛(노란색)이 M과 L 원추 세포에 주는 자극은 초록색과 빨간색 빛 2개가 섞인 빛이 M과 L 원추 세포에 주는 자극과 같아서, 분광기로는 구분할 수 있지만 우리의 눈으로는 구분할 수 없다.

2-3 색의 삼요소

어떤 빛이든 정상적인 망막에 동일한 색으로 인식되는 빛을 단일 파장의 빛과 흰색 빛을 섞어서 만들어 줄 수 있다. 이 단일 파장을 주파장이라 하고, 이에 해당하는 시각을 색상(hue), 주파장이 차지하는 비중, 즉 색의 선명도(purity)를 채도(saturation), 밝기를 명도(luminance 또는 value, brightness)라 한다. 그림 2.6과 같은 스펙트럼을 갖는 빛에서 가장 강한 파장 성분이 색상, 스펙트럼 전체를 적분한 면적이 명도, 가장 강한 성분과 평균 스팩트럼과의 차이가 채도에 해당된다.

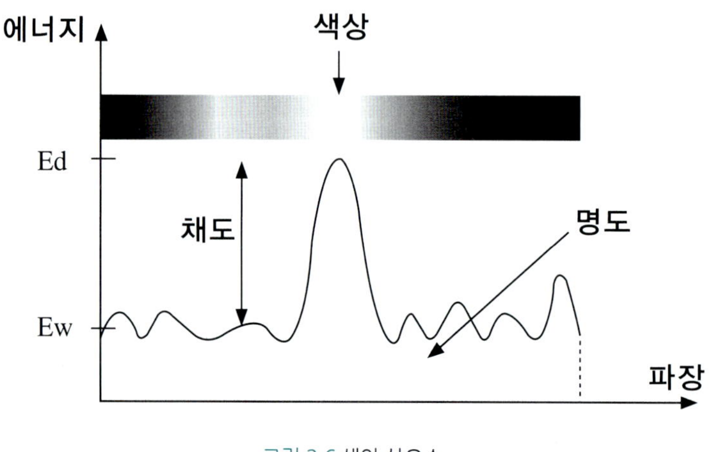

그림 2.6 색의 삼요소

2-4 빛의 혼합과 물체와의 상호작용

복수 개의 빛을 더하여 다른 색을 만들어 주는 것을 가법 색 혼합이라 한다. 색 중에서 다른 두 색의 빛을 섞어서 만들 수 없는 빛을 원색이라 한다. 원색 세 개를 적당한 비율로 섞으면 흰색을 얻을 수 있고, 섞는 비율을 조절하면 많은 색을 합성할 수 있다. 이러한 가법 삼원색에는 여러 가지가 있다. 그중 대표적인 RGB 삼원색은 우리 눈의 원추 세포의 최대감도 파장에 해당하는 파장의 빛을 원색으로 잡은 것이다. RGB 중 두개의 색으로 합성할 수 있는 색은 다음과 같으며, 그림 2.7에서 볼 수 있다.

빨강 + 초록 → 노랑

빨강 + 파랑 → 자홍(마젠타)

초록 + 파랑 → 청록(하늘, 시안)

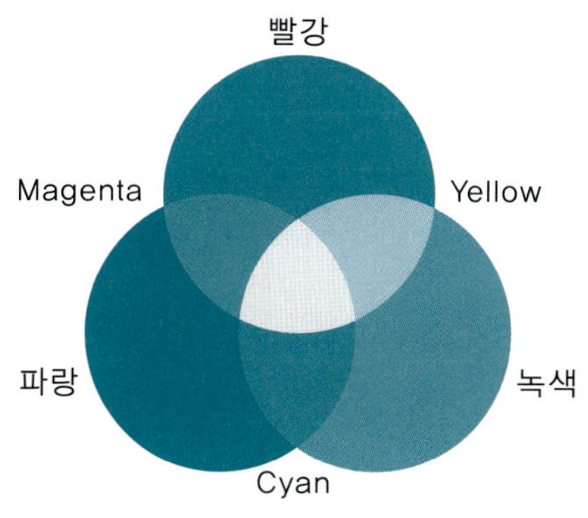

그림 2.7 빛 삼원색의 혼합

어느 색에 다른 색을 더하여 흰색이 얻어지면 서로 보색이라 한다. 예를 들면, 파란색의 보색은 노란색이다. 왜냐하면 빨간색과 초록색을 합한 색이 노란색이기 때문이다. 이 원리를 이용하여 그림 2.8에서와 같이 청색 LED에서 나오는 일부 빛을 형광물질로 노란색으로 변환하여 다시 청색 빛과 합하면 백색 빛을 얻을 수 있다.

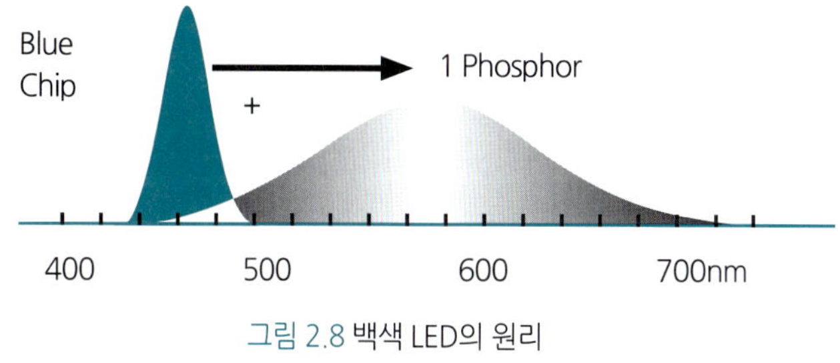

그림 2.8 백색 LED의 원리

마찬 가지 원리로 빨간색의 보색은 시안 색이고, 초록색의 보색은 마젠타색이다.

그림 2.9는 물체의 색을 우리가 어떻게 감각하게 되는지를 보여 주고 있다. 빛이 물체에 비춰지면 빛의 일부 또는 전부가 흡수되거나, 반사되거나, 산란되거나, 투과할 수 있다. 모든 빛이 흡수되면 빛이 반사되지 않아 물체가 검게 보이고, 모든 빛이 반사되면 희게 보인다. 사과는 초록색과 파란색을 흡수하기 때문에 빨간색이 반사되어 빨갛게 보인다. 바나나는 파란색을 흡수하기 때문에 반사된 빨간색과 초록색이 합하여 노랗게 보인다.

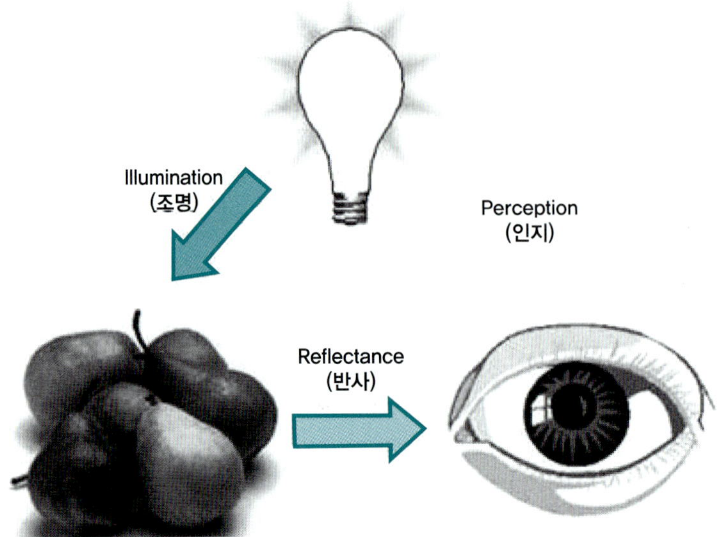

그림 2.9 물체(물감) 색의 감각

따라서 RGB 빛 삼원색에 대응하는 물감 삼원색은 빨강 빛을 흡수하고 녹색 빛과 청색 빛을 반사시키는 시안색 물감, 초록색 빛을 흡수하고 빨강 빛과 청색 빛을 반사시키는 마젠타 물감, 청색 빛을 흡수하고 빨강과 초록을 반사시키는 노랑 물감이다.

따라서 노랑색 물감과 마젠타색 물감을 섞으면 청색 빛과 초록색 빛을 흡수하고 빨강색 빛만 반사시키므로 빨강색 물감이 된다. 같은 원리로 노랑색 물감과 시안색 물감을 섞으면 초록색 물감이 되며, 노랑색 물감과 시안색 물감을 섞으면 청색 물감이 되고, 세 개의 물감을 다 섞으면 모든 빛이 흡수되어 검정색 물감이 된다.

2-5 색 공간

우리 눈의 색 인식 작용에 대하여 각 원추 세포에서 나오는 결과를 직접 관찰할 수 없기 때문에 많은 관찰자를 대상으로 임의의 색에 대하여 기본 색으로 매칭하는 실험을 광범위하게 수행하였다. 그 결과를 근거로 우리 눈의 세 개의 원추 세포는 그림 2.5와 같은 감도 특성을 가지고 있어서 임의의 스펙트럼 분포 $I(\lambda)$를 갖는 빛이 들어오면 각 원추 세포의 출력은 다음 식에 의하여 표현할 수 있다는 것을 알게 되었다.

$$R = \int_0^\infty I(\lambda)r(\lambda)d\lambda \tag{2.5}$$
$$G = \int_0^\infty I(\lambda)g(\lambda)d\lambda \tag{2.6}$$
$$B = \int_0^\infty I(\lambda)b(\lambda)d\lambda \tag{2.7}$$

(1) RGB 색 공간

인체의 색 감지 메커니즘에 기반을 둔 색 공간으로서, 각각 435.8 nm, 546.1 nm, 700 nm 단일 파장을 가진 세 개의 광원의 세기를 적절히 조절하여 임의의 색과 매칭하는 실험을 수행한 결과, 우리가 인식할 수 있는 일부 색은 세 가지 빛을 적절히 더해서는 매칭이 불가능하다는 것을 알게 되었다. 일부 색을 매칭하기 위해서는 매칭하려고 하는 빛에 적색을 더해 주어야 하기 때문에, 수학적으로는 그림 2.10과 같이 일부 색에 대하여 적색 성분이 음으로 표현된다.

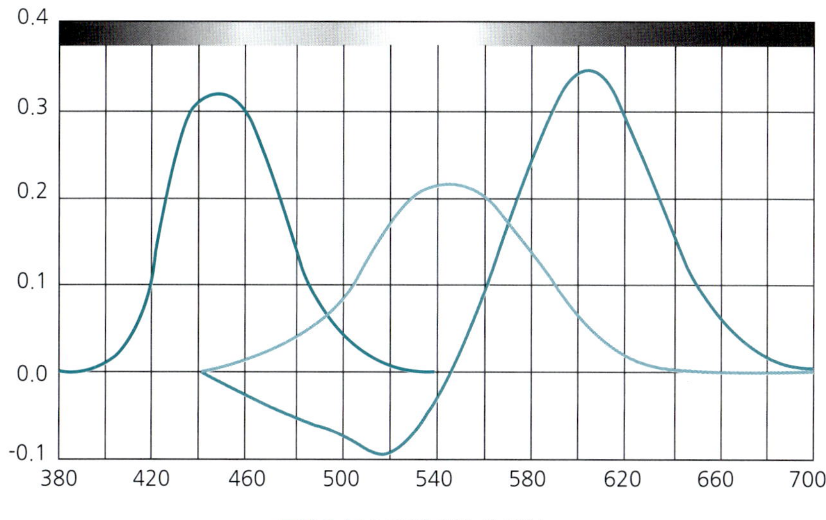

그림 2.10 RGB에 의한 색 매칭

(2) CIE 1931 XYZ 색 공간

RGB 색 공간에서 음수 성분이 나오는 문제는 다음과 같은 좌표 변환을 통하여 해결할 수 있다.

$$X = m_{11}R + m_{12}G + m_{13}B \tag{2.8}$$
$$Y = m_{21}R + m_{22}G + m_{23}B \tag{2.9}$$
$$Z = m_{31}R + m_{32}G + m_{33}B \tag{2.10}$$

좌표 변환 방법 중에서 음수를 피하는 방법은 무수히 많기 때문에 유용한 성질을 갖도록 변환하는 것이 유리하다. 이에 따라 국제조명위원회에서 1931년에 *Y*가 명도를 나타내도록 정의한 것이 CIE RGB 색 공간이다.

좌표 변환된 *XYZ*에 대하여 정의되는 색 대응 함수 $x(\lambda)$, $y(\lambda)$, $z(\lambda)$를 이용하여 임의의 스펙트럼 분포 $I(\lambda)$를 가진 빛에 대한 *XYZ* 값을 나타내면 다음과 같다.

$$X = \int_0^\infty I(\lambda)x(\lambda)d\lambda \tag{2.11}$$

$$Y = \int_0^\infty I(\lambda)y(\lambda)d\lambda \tag{2.12}$$

$$Z = \int_0^\infty I(\lambda)z(\lambda)d\lambda \tag{2.13}$$

CIE *XYZ* 공간에서는 *Y*값이 명도를 나타내므로, *Y*와 다른 2개의 값을 사용하여 표현할 수 있다. X, Y, Z의 상대적 크기 정보를 얻기 위하여 전체 합으로 정규화하면 다음과 같다.

$$x = \frac{X}{X+Y+Z} \tag{2.14}$$

$$y = \frac{Y}{X+Y+Z} \tag{2.15}$$

$$z = \frac{Z}{X+Y+Z} \tag{2.16}$$

여기에서 *Y*와 *x*, *y*를 사용하여 임의의 색을 표현하는 색 공간이 그림 2.11과 같은 CIE *xyY* 색공간이다.

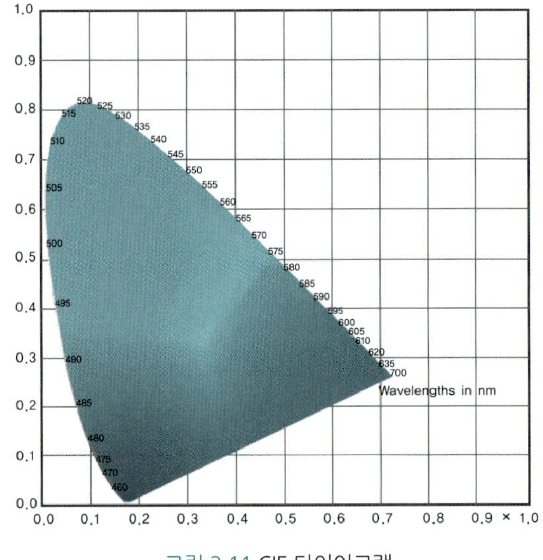

그림 2.11 CIE 다이어그램

주어진 xyY 값으로부터 X, Z 값은 다음과 같이 구할 수 있다.

$$X = \frac{Y}{y}x \tag{2.17}$$

$$Z = \frac{Y}{y}(1 - x - y) \tag{2.18}$$

그림 2.11에서 말굽쇠 모양의 둘레는 채도가 100%인, 즉 단일 파장인 빛에 해당한다. 백색은 x, y, z가 0.33에 해당하므로 가운데 부분에 위치한다.

또한 다이어그램 위 임의의 두 점에 의하여 정의되는 선분 위에 있는 색은 두 점에 해당하는 빛을 혼합하여 합성할 수 있으며, 이를 확장하면 임의의 세 점에 의하여 정의되는 삼각형 내의 모든 점에 해당하는 빛도 꼭짓점 세 개에 해당하는 빛으로 합성할 수 있다는 것을 의미한다.

또한 그림 2.12에서 보는 바와 같이 백색에 해당하는 점 $x = y = 0.33$을 통과하는 직선과 다이어그램의 둘레가 만나는 두 점에 해당하는 색은 서로 보색 관계이다.

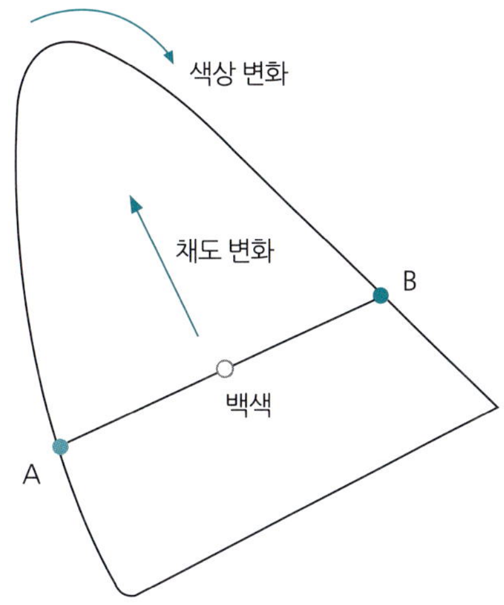

그림 2.12 빛 색의 3요소와 CIE 다이어그램

(3) CMYK 색 공간

인쇄 과정에 쓰이는 감산 혼합 방식으로, 그림 2.13과 같이 색을 혼합하면 명도가 낮아지며, 삼원색을 합하면 검정색이 된다.

그림 2.13 물감 삼원색의 혼합

(4) HSV

색상(hue), 채도(hue), 명도(value)를 기준으로 색을 구성하는 방식으로서, 직관적이기 때문에 시각 예술에서 많이 사용된다.

참고 문헌

[2.1] Illumination Fundamentals, Lighting Research Center, Rensselaer Polytechnic Institute, 2000

[2.2] The CIE XYZ and xyY color spaces, Douglas A. Kerr, 2010

제 3 장

조명의 기초

3-1 이상적인 조명의 조건과 조명의 종류
3-2 조명의 기본 용어
3-3 광원
3-4 발라스트

3-1 이상적인 조명의 조건과 조명의 종류

양질의 조명은 작업과 휴식 등 우리의 전반적인 활동에 매우 중요하다. 이상적인 조명은 밝기, 눈부심, 밝기의 공간적 분배, 콘트라스트, 연색지수 등을 환경과 활동에 적합하도록 해야 한다.

밝기는 물체를 인식하는 속도와 정확도에 큰 영향을 주기 때문에 작업 효율을 높이기 위해서는 작업의 성격에 적합한 밝기를 제공해야 한다. 일반적으로 작고 빨리 움직이는 물체가 더 높은 밝기를 요구하며, 작업자의 나이가 많을수록 더 높은 밝기가 필요하다.

시야에서 밝기의 분포, 즉 콘트라스트는 양질의 조명에 매우 중요하다. 콘트라스트가 너무 낮으면 단조로운 조명이 될 수 있으며, 너무 높으면 물체를 보는 것이 피곤하게 된다. 일반적으로 콘트라스트는 3:1이 넘지 않도록 하는 것이 좋다.

눈부심 현상은 시야에 눈이 순응할 수 있는 정도를 초과하는 밝기의 빛을 감각할 때 발생한다. 눈부심 현상은 우리의 시각 능력을 저하시킬 뿐만 아니라 불쾌감을 일으키며, 심한 경우에는 두통을 유발할 수도 있다. 따라서 실수, 피로감, 사고를 방지하기 위하여 눈부심을 억제하는 것이 필요하다. 눈부심 현상은 광원을 포함하는 등기구 전체에 영향을 받는다. 일반적으로 형광등은 광원의 치수가 커서 눈부심 현상을 억제하기에 유리하다. 눈부심 정도에 대한 기준은 CIE Publication No. 112에 의하여 다음 표 3.1과 같이 정의된다.

표 3.1 눈부심 등급

눈부심 등급	눈부심 수준
90	인내하기 힘든 수준
70	불편한 수준
50	용납 가능한 수준
30	인지 가능한 수준
10	인지 불가능한 수준

작업 대상물에 광택이 있거나, 광택은 없어도 빛이 비스듬히 입사하는 경우 반사로 인하여 광원의 상이 보이게 되어 눈부심이 발생할 수 있으며, 그러한 경우에는 광원, 물체 및 눈의 상대적 위치를 바꾸어서 해결할 수도 있다.

밝기의 공간적 분배는 여러 방식으로 구현할 수 있다. 밝기를 거의 고르게 분배하는 방식과 특정 영역에 빛을 집중적으로 분배하는 방향성 조명 방식 그리고 두 방식을 혼용하는 방식이 있다.

물체의 색 인식은 물체에 비추어지는 빛 중에서 반사되는 빛을 감각하여 이루어지기 때문에 물체에 비추어지는 빛의 스펙트럼은 물체의 색 인식에 큰 영향을 끼친다. 연색 지수는 태양광을 기준으로 태양광에 가까운 정도를 나타내는 척도이며, 일반적으로 80% 이상이 되면 자연스러운 색으로 인식이 가능하다. 모든 조명에서 연색 지수가 높을 필요는 없다. 예를 들어, 도로 조명의 경우 색 인식이 그다지 중요하지 않다.

조명의 비용은 등기구의 가격, 설치 비용, 전기요금과 유지보수 비용을 포함하는 운영 비용 등을 종합적으로 고려해야 한다. 물론 최적 조명은 비용 대비 편익, 즉 양질의 조명에 의한 생산성 또는 삶의 질 향상 등을 고려하여 결정해야 한다. 또한 조명 등기구는 주변과 조화를 이룰 수 있어야 하며, 조명기구의 모양은 단순하면서도 미적 효과를 얻을 수 있는 것이 바람직하다.

오늘날 조명은 효율적이고 안전한 작업 환경을 위한 조명을 넘어서서, 안락한 작업 및 생활 환경을 조성하기 위한 중요한 수단으로 받아들여지고 있다. 단순한 시각적 인식 측면뿐만 아니라 정서적인 측면을 고려한 조명이 요구되고 있는 추세이다.

조명에는 여러 종류가 있다. 일반 조명(general lighting)은 넓은 공간에 고른 밝기의 빛을 비추는 조명이며, 공간의 스타일을 보여 주기보다는 공간에 있는 물체의 조명이 주 목적이고, 가격이 중요한 요소이다. 일반 조명에서는 밝기의 고른 공간적 분포와 그림자가 없는 것이 중요하다. 건축 조명(architectural lighting)은 공간 내 물체보다는 벽이나 천장, 바닥과 같은 공간의 특징을 나타내는 요소를 조명하는 것이 주 목적이며, 보통 밝기도 그다지 높지 않다. 작업 조명(task lighting)은 책상이나 부엌의 조리공간과 같은 작업 공간을 위한 조명이며, 방향성이 있는 국부 조명이다. 엑센트 조명(accent lighting)은 박물관에 진열되어 있는 예술 작품이나 상점에 진열되어 있는 상품과 같이 측정 물체를 하이라이트하기 위하여 사용되며, 보통 콘트라스트는 높게 하지 않는다. 주변 조명(ambient lighting)은 분위기 조성을 위하여 다른 조명과 함께 사용된다.

3-2 조명의 기본 용어

공간에서 조명에 관련된 물리량을 다루기 위해서는 입체각을 사용하는 것이 편리하다. 그림 3.1과 같이 모든 방향으로 고르게 일정한 파워 P로 빛을 발하는 점광원을 생각해 보자. 점광원으로부터 거리가 r만큼 떨어진 위치에 미소면적 ΔA가 받는 빛의 파워를 생각해 보자. 우선 문제를 단순하게 하기 위하여 미소면적의 방향(미소면적의 방향은 미소면적과 수직임)이 점광원과 미소면적의 위치를 잇는 위치 벡터와 방향이 같다고, 즉 빛이 미소면적에 수직으로 입사한다고 가정하면 식 (3.1)과 같이 쓸 수 있다.

$$\frac{\Delta P}{P} = \frac{\Delta A}{4\pi r^2} \tag{3.1}$$

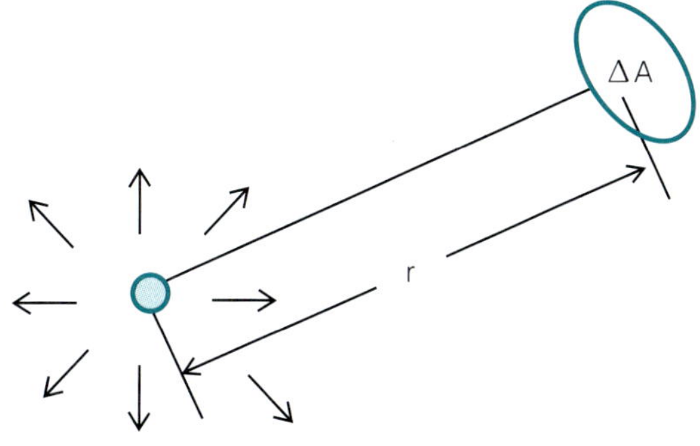

그림 3.1 입체각의 정의

따라서 미소면적 ΔA가 받는 빛의 파워는 빛이 미소면적에 수직으로 입사하는 경우에는 거리의 제곱에 반비례하고 미소면적의 크기에 비례하다는 것을 알 수 있다. 식 (3.1)에서 미소면적의 크기와 거리의 제곱의 비를 식 (3.2)와 같이 입체각으로 정의하면 빛의 파워는 입체각에 비례하게 된다.

$$\Delta\Omega = \frac{\Delta A}{r^2} \tag{3.2}$$

만약 광원으로부터 거리가 r인 미소면적 전체를 고려하면 구의 표면적이 $4\pi r^2$이기 때문에 입체각은 4π가 된다. 또한 미소면적에 빛이 수직 입사하지 않는 경우에는 내적을 취하여 일반화시킬 수 있다.

복사측정학(radiometry)은 빛의 스펙트럼, 편광 등을 측정하는 분야이며, 측광학(photometry)에서는 그러한 빛의 특성에 인간의 시각 특성을 고려한 가중치를 부여하여 다룬다. 광원에서 단위 시간에 방출되는 전자파 에너지를 복사속(radiant flux)이라 하며, 단위는 W(와트, Watt)이다. 단위 시간당 우리의 눈이 느끼는 빛의 단위 시간당 에너지는 광속(luminous flux)이라 하며, 단위는 lm(루멘, lumen)을 사용한다.

방사속 스펙트럼으로부터 광속 스펙트럼으로의 변환 계수를 시감도(luminous efficacy)라 하며, 시감도가 최대인 파장 555[nm]에서의 값인 683[lm/W]로 정규화한 값을 비시감도(relative luminous efficacy)라 한다.

광속은 광원으로부터 단위 시간에 나오는 가시광의 총량을 나타내며, 시감도를 적용하여 식 (3.3)과 같이 쓸 수 있다.

$$F = \int K(\lambda)P(\lambda)d\lambda = \int K_m V(\lambda)P(\lambda)d\lambda \tag{3.3}$$

여기에서 $P(\lambda)$는 복사속 스펙트럼[W · μm^{-1}], $K(\lambda)$: 시감도 [lm/W], λ : 파장, K_m은 최대 시감도인 683[lm/W], V는 비시감도이다.

눈은 밝은 곳에서는 원추 세포가 작용(photopic vision, 明所視)하고, 어두운 곳에서는 막대세포가 작용(scotopic vision, 暗所視)하므로 주위의 밝기에 따라 다르다. CIE에서는 비시감도가 최대가 되는 555 nm에서 단일 파장을 가진 광속에 대하여 루멘을 정의하고 있다. 즉, 555 nm의 단일 파장을 가진 빛 1 W가 들어오면 우리 눈은 683 lm을 느끼는 것으로 정의한다. 다른 파장에 대한 시감도는 표 3.2에서 얻을 수 있다. 만약 파장이 450 nm인 광원의 복사속이 1 W이면 광속은 약 26 lm에 해당한다.

표 3.2 시감도의 파장에 따른 변화

Wavelength λ(nm)	Photopic Luminous Efficacy V_λ	Photopic Conversion lm/W	Scotopic Luminous Efficacy V_λ	Scotopic Conversion lm/W
380	0.000039	0.027	0.000589	1.001
390	0.000120	0.082	0.002209	3.755
390	0.000120	0.082	0.002209	3.755
400	0.000396	0.270	0.009290	15.793
410	0.001210	0.826	0.034840	59.228
420	0.004000	2.732	0.096600	164.220
430	0.011600	7.923	0.199800	339.600
440	0.023000	15.709	0.328100	557.770
450	0.038000	25.954	0.455000	773.500
460	0.060000	40.980	0.567000	963.900
470	0.090980	62.139	0.676000	1149.200
480	0.139020	94.951	0.793000	1348.100
490	0.208020	142.078	0.904000	1536.800
500	0.323000	220.609	0.982000	1669.400
507	0.444310	303.464	1.000000	1700.000
510	0.503000	343.549	0.997000	1694.900
520	0.710000	484.930	0.935000	1589.500
530	0.862000	588.746	0.811000	1378.700
540	0.954000	651.582	0.655000	1105.000
550	0.994950	679.551	0.481000	817.700
555	1.000000	683.000	0.402000	683.000
560	0.995000	679.585	0.328800	558.960
570	0.952000	650.216	0.207600	352.920
580	0.870000	594.210	0.121200	206.040
590	0.757000	517.031	0.065500	111.350
600	0.631000	430.973	0.033150	56.355
610	0.503000	343.549	0.015930	27.081
620	0.381000	260.223	0.007390	12.529
630	0.265000	180.995	0.003335	5.670
640	0.175000	119.525	0.001497	2.545
650	0.107000	73.081	0.000677	1.151
660	0.061000	41.663	0.000313	0.532
670	0.032000	21.856	0.000148	0.252
680	0.017000	11.611	0.000072	0.122
690	0.008210	5.607	0.000035	0.060
700	0.004102	2.802	0.000018	0.030
710	0.002091	1.428	0.000009	0.016
720	0.001047	0.715	0.000005	0.008
730	0.000520	0.355	0.000003	0.004
740	0.000249	0.170	0.000001	0.002
750	0.000120	0.082	0.000001	0.001
760	0.000060	0.041	0.000000	0.000
770	0.000030	0.020	0.000000	0.000

광원의 표면으로부터 단위 면적당 단위 시간당 방출되는 에너지는 복사측정학에서는 방출도(radiant exitance)라 하고, 단위는 W/m^{2}이며, 측광학에서는 시감도를 고려하여 lm/m^{2}을 사용한다.

일반적으로 광원은 빛을 방향에 따라 고르지 않게 방출하기 때문에, 어느 방향으로 어느 만큼의 광속이 방출되는지를 광도(luminous intensity)로 나타내며, 단위 입체각에 1 lm의 광속이 방출되는 광도를 1 cd(candela)라 한다. 그림 3.2와 같이 모든 방향으로 균일하게 빛을 방출하는 광원의 광도가 1 cd라면 그 광원의 광속은 4π lm에 해당한다.

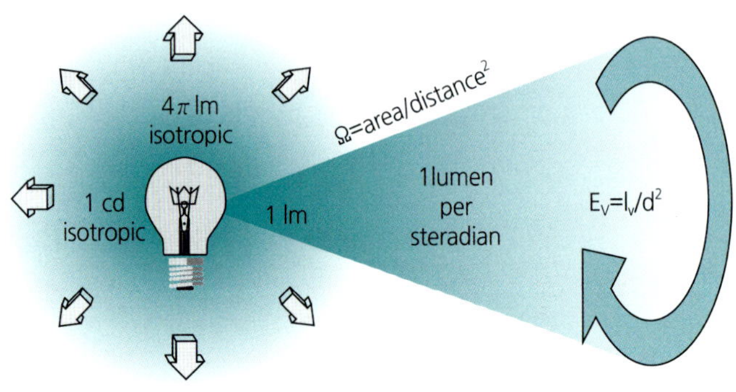

그림 3.2 광도

표면에 빛이 입사하는 경우에 단위 면적에 입사하는 광속을 조도(illuminance)라 하고, 단위로는 lux(lm/m²)를 사용한다.

조도는 그림 3.3에서 보는 바와 같이 광원으로부터의 거리 r의 제곱에 반비례하여 낮아진다.

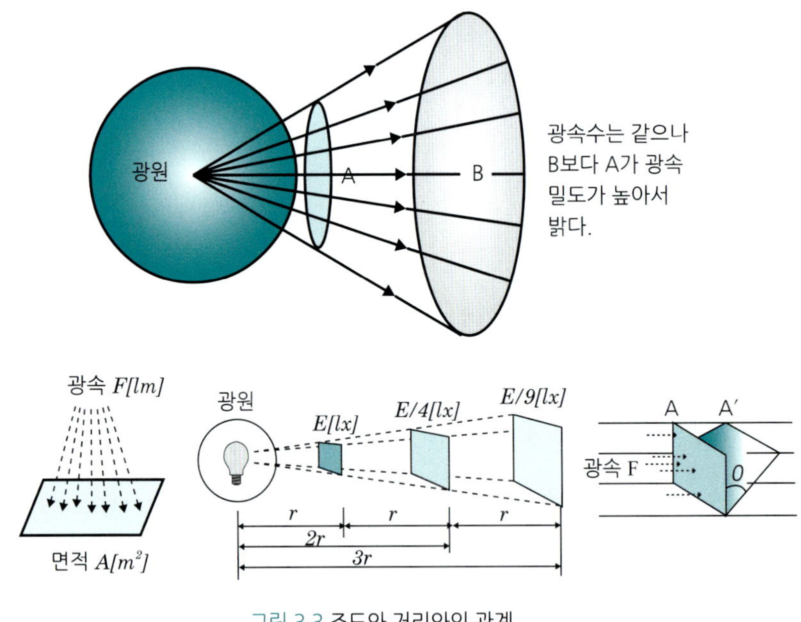

그림 3.3 조도와 거리와의 관계

광원에 대하여 그림 3.4에서 보는 바와 같이 단위 입체각당 광원의 단위 투영면적 당 방출되는 광속을 휘도(luminance)라 하며, 단위는 lm/sr/m²이다.

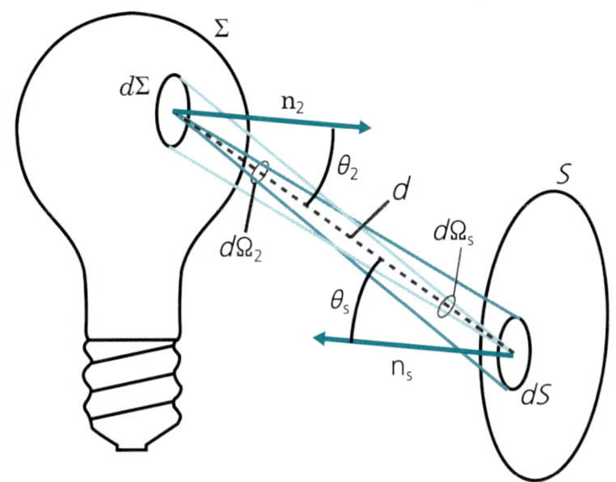

그림 3.4 휘도의 정의

인공조명은 사람이 사물의 색을 자연광 아래에서처럼 제대로 인식할 수 있도록 해야 한다. 조명의 스펙트럼이 얼마나 자연광에 가깝게 물체의 색을 보여 주는지의 척도로서, 연색성은 조명된 사물의 색재현 충실도를 나타내는 광원의 성질을 말한다. 연색지수(color rendering index)란 자연광에서 본 사물의 색과 특정 조명에서의 경우 어느 정도 유사한가를 수치로 나타낸 것이다. 지수가 100에 가까울수록 연색성이 좋은 것을 의미하며 지수가 낮을수록 색재현도가 떨어진다. 일반적으로 평균 연색지수가 80을 넘는 광원은 연색성이 좋다고 할 수 있다.

어떤 광원의 색이 어느 온도의 흑체의 색과 같을 때 그 흑체의 온도를 이 광원의 색 온도라 하며, 색 온도에 따라 우리가 받는 느낌과 광원의 종류에 따른 색 온도는 표 3.3과 같으며, 색 온도에 따른 CIE 다이어그램 상의 궤적은 그림 3.5와 같다.

표 3.3 광원의 색 온도

광원 종류	색 온도 [K]	광원 종류	색 온도 [K]
푸른 하늘	16,000	형광등(warm white)	2,950
구름낀 하늘	6,000	백열등(100 W)	2,870
태양(여름, 정오)	5,400	백열등(40 W)	2,500
금속 할라이드	4,000	고압나트륨램프	2,100
형광등(cool white)	3,400	태양(일출, 일몰)	2,000
텅스텐 할로겐(100 W)	3,000	촛불	1,850

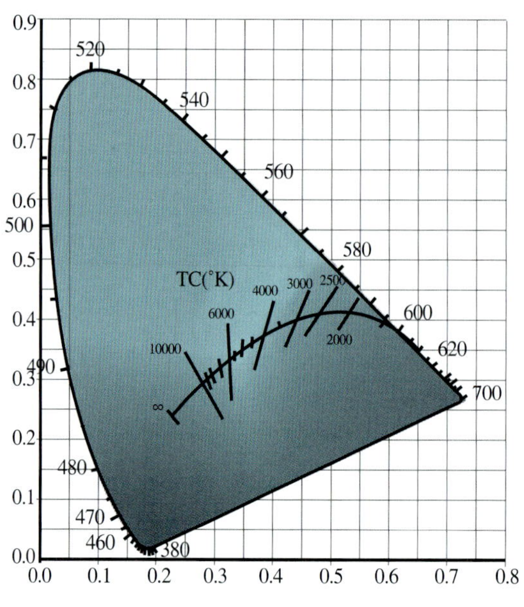

그림 3.5 CIE 다이어그램과 색 온도

전등의 소비전력에 대한 광속의 비율을 램프효율이라 하며, 소모하는 전기 에너지가 빛으로 전환되는 효율을 나타낸다. 단위는 lm/W이다.

3-3 광원

등기구의 핵심 요소인 광원에는 여러 종류가 있지만 대부분은 백열등, 형광등, 수은증기등, 금속할라이드등, 고압나트륨등, 저압나트륨등 여섯 가지로 분류할 수 있다. 여섯 가지 중에서 백열등을 제외한 다른 광원은 가스방전에 의한 냉광이다. 형광등과 저압나트륨등은 저압가스방전에 속하고, 수은증기등, 메탈할라이드, 고압나트륨등은 고압가스방전에 속한다. 후자를 흔히 HID(High Intensity Discharge) 램프라고 일컫는다.

백열등에서 가시광선 변환 효율을 높이기 위해서는 흑체복사 특성 곡선에서 알 수 있는 바와 같이 필라멘트의 온도를 높여야 한다. 산화를 막기 위하여 전구 안을 진공으로 하거나 불활성 기체(보통 질소와 아르곤 혼합물)로 채운다. 에디슨이 최초로 상용화한 백열등에서 사용한 탄소 필라멘트는 융점인 3,490℃보다 훨씬 낮은 온도에서 동작시킬 수밖에 없었다. 왜냐하면 탄소가 1,700℃ 이상에서는 급격히 기화하기 때문이다. 이러한 문제를 해결하기 위한 노력의 결과로 1906년에는 GE에서 텅스텐 필라멘트 기술이 개발되어 특허가 출원되었다. 텅스텐의 융점은 3,380℃로 오히려 탄소보다 약간 낮지만, 2,700℃까지 동작시킬 수 있어서 소모되는 전력 대비 가시광선 광량의 비를 증가시켜 효율이 개선되었다. 백열등을 사용하여 시간이 지나면 기화된 텅스텐이 전구의 내벽에 증착되어 전구를 검게 만들며, 필라멘트는 가늘어지다가 결국 끊어지게 된다. 필라멘트가 가늘어지면 저항이 증가하여 전류가 감소하므로 광속이 감소하며, 검게 된 전구의 내벽에 의하여 나오는 광속도 감소하게 된다. 현재 일반 백열등의 램프 효율은 10~15 lm/W이고 수명은 약 1,000시간이다.

이러한 백열등의 문제를 해결하기 위하여 전구 안에 염소, 요오드, 브롬과 같은 할로겐 원소를 봉입하면 할로겐 사이클에 의하여 기화된 텅스텐이 필라멘트로 되돌아가기 때문에, 더 고온에서 동작시켜 가시광선 변환효율을 높일 수 있을 뿐 아니라, 수명도 길어지고, 광속도 일정하게 된다. 이러한 광원을 할로겐등이라 한다.

가스 방전 램프에서는 가스를 이온화시킨 상태에서 전기장을 인가함으로써 가속된 전자가 가스 또는 금속 원자와 충돌하여 전자를 고에너지 상태로 여기시키고, 여기된 전자가 다시 저에너지 상태로 돌아가면서 가시광선 또는 자외선을 방출하며, 방출된 자외선은 형광물질을 통하여 가시광선으로 변환된다.

저압 방전 램프는 대기압보다 훨씬 낮은 압력에서, 예를 들면 형광등은 대기압의 0.3% 정도에서 동작한다. 형광등의 램프 효율은 60 ~ 100 lm/W이고, 수명은 약 10,000시간으로서, 전력 소비는 백열등의 절반 이하이고 수명은 6배가 길며, 백열등만큼 뜨겁지 않다는 장점을 가지며, 효율이 높은 조명이어서 오늘날까지 우리 생활에 널리 사용되고 있다. 형광등은 내부에 수은과 아르곤 가스가 들어있어 방전이 개시되어 전류가 흐르면 자외선이 생성된다. 이 자외선이 형광등 유리 안쪽에 발라진 형광물질에 흡수된 후, 형광물질에서 가시광선이 방출되는 것이다. 형광등 안쪽에 칠하는 형광물질의 종류를 바꾸면 다양한 색의 빛을 내는 형광등을 만들 수 있다.

저압 나트륨 램프는 가장 효율이 높아 최대 200 lm/W의 램프 효율 특성을 가지지만 거의 황색 단색이어서 연색지수 특성이 좋지 않아 주로 가로 조명에 사용된다. 네온등도 저압에서 동작하며 주로 광고용 조명에 사용된다.

고압 방전 램프는 대기압의 수십 % 또는 수십 배의 압력에서 동작하며, 금속-할로겐 화합물 램프와 고압 나트륨 램프, 고압 수은증기 램프가 있다. 모두 발라스트(ballast, 점등회로)와 예열 시간이 필요하다. 수은 증기 램프는 가장 오래된 고압 방전 램프로서 푸른색에 가까운 녹색 광을 발생하며, 낮은 효율과 낮은 연색지수 때문에 옥외나 주차장 조명 외에는 잘 사용되지 않고, 거의 대부분 금속-할로겐 화합물 램프와 고압 나트륨 램프에 의해 대치되고 있다. 금속-할로겐 화합물 램프는 거의 백색광을 발하며, 100 lm/W의 높은 램프 효율과 70~85 사이의 우수한 연색지수 특성을 가지고 있다. 그러나 수명이 6,000~16,000 시간 정도로서 짧고, 가격이 높으며, 방향성이 있고, 수명이 다하기 전에는 발광하는 빛의 색이 변하는 단점이 있다. 고압 나트륨 램프는 황금 빛 노란색 빛을 120~150 lm/W의 높은 램프 효율로 발생시키며, 저압 나트륨 램프보다 넓은 스펙트럼의 빛을 발생하여 거리의 조명 및 식물 재배용 조명에 사용된다. 청색 빛이 나오지 않아 주로 연색지수가 별 문제가 되지 않는 외부 조명에 사용된다.

무전극 방전등은 가스가 봉입된 전구 내에 전극이 없고, 벌브 외부에 있는 페라이트코어에 고주파 스위칭(250 kHz~2.65 MHz)이 가능한 특수 인버터로 에너지를 공급하여 램프에 자계를 발생시켜 봉입가스를 여기시킴으로써 발광된다.장점으로는 수명이 100,000 시간으로서 매우 길고, 효율도 70~80 lm/W로서 높으며, 연색지수도 80으로서 우수하다.

3-4 발라스트

가스 방전등은 백열등에 비하여 효율이 높고, 수명이 길다는 장점이 있으나, 한 가지 단점은 가스 방전 개시 후 소신호 저항이 음이 되는 특성 때문에 발라스트라는 보조 장치가 필요하다는 점이다. 그림 3.6에서 보는 바와 같이 가스 방전등은 방전 개시 후 부성 저항 특성을 보이고 있다. 특성 곡선은 **정상상태**(定常狀態, steady-state)를 나타내므로 방전관 내의 전자의 농도도 시간에 따라 변하지 않는 상태를 의미한다. 전자의 농도는 인가 전압에 따라 증가하므로 부성저항을 보이고 있는 특성 곡선의 오른쪽에서는 시간에 따라 전자의 농도가 증가하게 된다. 만약 전압원으로 가스 방전등을 구동하게 되면 방전 개시 후 전자의 농도가 증가하게 되고, 이에 따라 과도한 전류가 흐르게 되어 종국에는 가스 방전등의 파손에 이르게 된다. 따라서 가스 방전등은 전압원으로 구동할 수 없으며, 방전 개시를 위하여 초기에는 고압을 인가하였다가 방전 개시 후에는 전류를 제한하고 낮은 전압에서 동작시키는 발라스트가 필요하다.

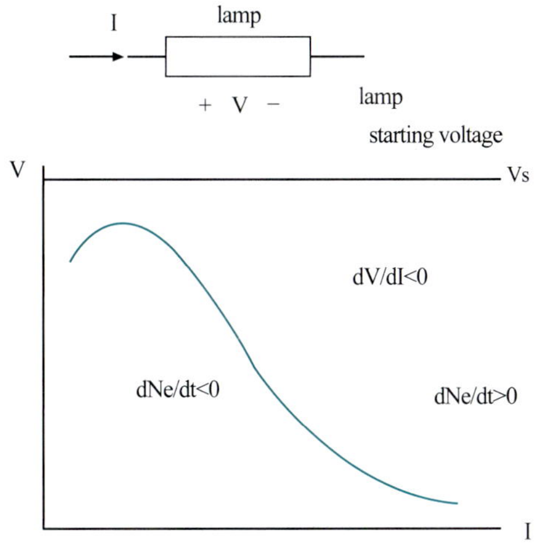

그림 3.6 가스 방전등의 부성 저항 특성

가장 간단한 발라스트는 그림 3.7처럼 직렬로 저항을 삽입하는 것이다. 이때 삽입하는 저항의 저항값은 가스 방전등의 소신호 부성 저항값의 크기보다 커야 한다. 만약에 가스 방전등에 흐르는 전류가 정상 상태보다 크다고 가정하면 특성 곡선의 오른편에서 동작하게 되어, 전자의 농도가 시간에 따라 감소하므로, 전류가 감소하게 되어 결국 정상 상태 동작점으로 돌아가게 된다. 반대로 가스 방전등에 흐르는 전류가 정상 상태보다 작다고 가정하면 특성 곡선의 왼편에서 동작하게 되어, 전자의 농도가 시간에 따라 증가하므로, 전류가 증가하게 되어 결국 정상 상태 동작점으로 돌아가게 된다. 따라서 발라스트는 가스 방전등이 매우 안정적인 동작점을 가지도록 만들어 준다.

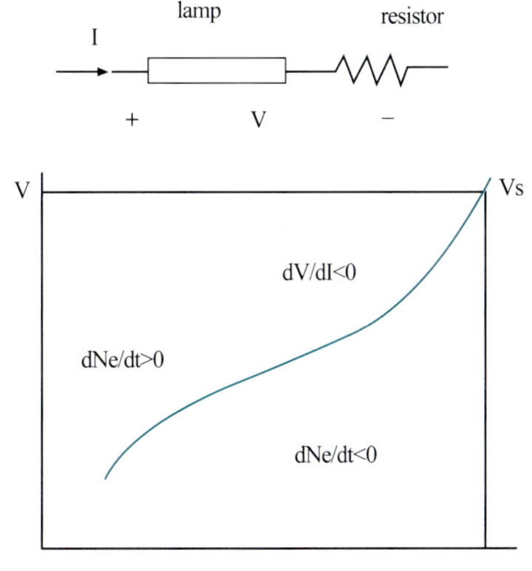

그림 3.7 직렬 저항을 통한 발라스트 구현

참고 문헌

[3.1] Basics of light and lighting, Koninklijke Philips Electronics N. V. 2008.

[3.2] ECE 3354 lab handout for ballast, Virginia Tech, Bradley Department of Electrical Engineering, 2012.

[3.3] Edward Deng, I. Negative Incremental Impedance of Fluorescent Lamps II. Simple High Power Factor Lamp Ballasts, Thesis, California Institute of Technology, 1996.

LED

4-1 LED 기술의 발전 역사
4-2 LED의 동작 원리와 특성
4-3 백색 LED

4-1 LED 기술의 발전 역사

전기 발광현상은 일찍이 1907년에 라운드에 의하여 발견되었다. 실리콘카바이드 결정에 전압을 인가한 결과 낮은 전압에서는 노랑 빛이 발생하였고, 더 높은 전압에서는 또 다른 색의 빛이 발생하는 것을 보고하였다. 실리콘카바이드 결정을 이용한 전기냉광 현상은 1920년대와 1930년대에 걸쳐 로세프에 의해서도 연구되었다. 이러한 연구는 고체전자이론이 정립되기 이전에 이루어졌다. 1940년대에 반도체 물리학의 발전에 따라 pn 접합에 대한 이해가 진전되었다. 1947년에는 쇼클리, 바딘, 브라틴에 의하여 트랜지스터가 발명되었고, pn 접합의 발광 목적 응용에 관심이 모아졌다.

1951년에는 레호벡 그룹이 실리콘카바이드에서의 전기냉광 현상을 접합에 주입되는 전자와 정공의 발광성 재결합에 의한 것으로 설명하였다. 그러나 관찰된 광자의 에너지값은 밴드갭 에너지보다 작아서, 이를 설명하기 위하여 발광이 불순물 또는 결정의 결함에 기인한 것으로 추정하였다. 1955년에는 III-V족 화합물 반도체 접합에서 캐리어 주입에 의한 전기냉광 현상이 관찰되었다. 1955~1956년에 해인즈가 전기냉광이 pn 접합에서 전자와 정공의 재결합에 기인한다는 것을 입증하였다.

곧 이어서 GaAs를 이용한 pn 접합 제조 기술이 개발되었다. GaAs는 직접 밴드갭을 가지고 있어서 전자가 포논(phonon)의 개입없이 직접 천이할 수 있으므로 발광에 유리한 물질이다. GaAs는 밴드갭 에너지가 1.4 eV이므로 이때 발생하는 빛은 적외선 영역이다. 1962년에 적외선 발광이 보고되었으며, 수개월 후에는 제너럴 일렉트릭, IBM, MIT 링컨 연구실, 세 개의 연구 그룹에서 액체질소 내에서(77 K) GaAs 레이저 다이오드의 동작을 보여주었다. 그러나 레이저 다이오드가 널리 쓰이기까지는 좀 더 시일이 필요하였다. 이종접합구조와 양자우물구조가 개발된 이후에야 상온에서 연속 동작이 가능해졌기 때문이다.

비슷한 시기에 미국 벨연구소, 필립스 독일 연구소, 영국의 SERL에서 GaP를 이용한 발광다이오드 제조 기술이 개발되었다. 통신, 조명, 표시소자에 활용할 목적으로 산화아연이나 질소 등의 불순물의 농도를 변화시키면서 적색광에서 녹색광에 이르기까지 다양한 파장의 빛을 발생하는 발광다이오드를 개발하였다.

한편 3종 화합물 반도체인 $GaP_xAs_{(1-x)}$에 대한 관심이 고조되었다. 왜냐하면 x가 0.45 이하에서 $GaP_xAs_{(1-x)}$가 직접 밴드 구조를 가지게 되고 밴드갭 에너지가 GaAs보다 커져서 가시광을 발생시킬 수 있는 가능성을 보았기 때문이다. 제너럴 일렉트릭의 Holonyak 그룹은 1950년대 말부터 $GaP_xAs_{(1-x)}$가 구조의 연구에 착수하여 1962년에 적색에 해당하는 710 nm 파장에서 발광에 성공하였다.

Holonyak에 의하여 1970년에는 4원소 화합물인 GaAlAsP와 GaAsP 이종접합을 이용하여 격자 정합과 밴드갭 조절을 용이하게 만든 구조가 개발됨으로써, 다양한 파장의 빛을 생성하는 고휘도 LED 제조 방법이 개발되었다. 이러한 LED는 주로 표시 소자로서 사용되었고, 백색광이 필요한 일반 조명에 응용하기 위해서는 청색 LED가 필수적으로 요구되었다.

그러나 청색 LED의 개발은 숱한 난관을 겪고 있었다. 초기에 ZnSe과 SiC를 이용한 시도는 간접 밴드 구조로 인한 저효율을 극복할 수 없었다. 결국 청색 LED는 직접 밴드를 가진 양질의 GaN 결정이 개발되고서야 가능해졌다. GaN는 III-V족 화합물 반도체로서 우르짜이트(Wurtzite) 결정 구조를 가지고 있으며, 사파이어나 실리콘카바이드 기판 위에 성장시킬 수 있다. GaN는 3.4 eV의 밴드갭 에너지를 가지고 있어서 자외선을 발광시킬 수 있다. GaN는 실리콘으로 도핑하여 n형 반도체를, 마그네슘으로 도핑하여 p형 반도체를 만들 수 있다. 그러나 불행히도 도핑 과정에서 결정이 부서지기 쉽게 되는 문제점이 있다. GaN는 결정 결함에 의하여 전자가 많이 생성되어 자연적으로 n형 반도체가 된다. 따라서 pn 접합을 만들기 위해 관건은 p형 반도체를 생성시키는 기술이었다.

1950년대 말에 이미 필립스의 그리마이스 그룹은 GaN의 밴드갭이 측정된 직후 GaN를 이용한 조명 기술의 가능성을 진지하게 고려하였으며, GaN를 이용하여 넓은 스펙트럼에 걸쳐 효율적인 광냉광을 얻고 특허를 출원하였다. 그러나 당시에는 GaN 결정 성장이 매우 어려워 분말 수준에 머물렀기 때문에 pn 접합을 만들 수 없었다.

1960년대 말에 이르러서야 HVPE(Hydride Vapor Phase Epitaxy) 기술을 사용하여 기판 위에 GaN 결정을 성장시킬 수 있게 되었다. 그러나 거친 표면과 천이 금속 불순물에 의한 오염, 수소에 의한 억셉터의 비활성화 등 여러 문제 때문에 청색 LED 제조 공정은 극복할 수 없는 난제로 남았다.

1970년대에 들어와서 새로운 결정 성장 기술인 MBE(Molecular Beam Epitaxy)와 MOCVD(Metal Organic Chemical Vapor Deposition)가 개발되었고, 이러한 기술을 GaN 성장에 적용하려는 시도가 이루어졌다. 이미 1974년경에 마쓰시다에서 근무하고 있던 아카사키는 GaN 결정 성장에 관심을 가지고 있었으며, 1981년에 나고야 대학으로 전직한 이후에 아마노 등과 같이 연구를 계속하였다. 그 결과 1986년에 이르러서 MOVPE 기술을 사용하여 우수한 광학적 특성을 갖는 양질의 결정을 만들 수 있게 되었다. 비법은 오랜 실험과 관찰을 통해 얻어졌는데, 사파이어 기판에 먼저 저온(500℃)에서 아주 얇은(30nm) AlN 층을 성장시킨 후 GaN 성장에 필요한 고온(1000℃)으로 온도를 높이는 방법이었다. GaN 성장 초기에는 결함이 많이 있다가 두께가 수 마이크론 이상이 되면서 급격히 감소하였다. 이렇게 하여 소자를 만들기에 충분한 양질의 GaN 결정을 최초로 얻을 수 있게 되었다. 후에 나카무라는 유사한 방법으로 AlN 층을 기르지 않고 저온에서 얇은 GaN 층을 기르는 기술을 개발하였다.

GaN pn 접합을 형성하는데 어려움은 p형 도핑 기술이었다. 1980년대 말에 아마노와 아카사키 그룹은 아연으로 도핑된 GaN의 분석을 위하여 주사전자현미경을 사용하였을 때 더 많은 빛이 나오는 것을 관찰하였다. 이러한 현상은 저에너지 전자로 쪼여 주면 p형 도핑의 질이 개선된다는 것을 의미하였으며, GaN pn 접합 제조를 위한 획기적인 기술 발전의 하나였다. 이러한 현상은 p형 불순물인 마그네슘이나 아연이 수소와 결합하여 비활성화되었다가 전자 빔에 의하여 결합이 깨지게 되어 억셉터가 활성화되기 때문인 것으로 수년 후에 나카무라 그룹에 의하여 규명되었다.

고효율 청색 LED의 제조를 위하여 필요한 이종접합의 성장과 p형 도핑 기술은 1990년대 초에 아카사키 그룹과 나카무라 그룹에 의하여 구현되었다. 이미 적외선 LED와 레이저 다이오드의 개발 과정에서 고효율을 달성하기 위해서는 이종 접합구조와 양자우물구조가 필수적이라는 것을 알고 있었다. 아카사키 그룹은 AlGaN/GaN 이종 접합에 기반을 둔 구조를 개발하였고, 나카무라 그룹은 InGaN/GaN와 InGaN/AlGaN을 결합하는 구조를 성공적으로 사용하였다. 1994년에 나카무라 그룹은 InGaN/AlGaN 기반 이중 이종결합 구조를 사용하여 2.7%의 효율을 달성하여 고효율 청색 LED 시대를 활짝 열었으며, 그 이후에도 효율 개선은 지속되고 있다.

4-2 LED의 동작 원리와 특성

발광은 그림 4.1과 같이 반도체의 전도대에 있는 전자가 가전자대로 직접 천이하면서 잃는 에너지가 빛으로 바뀌면서 발생한다.

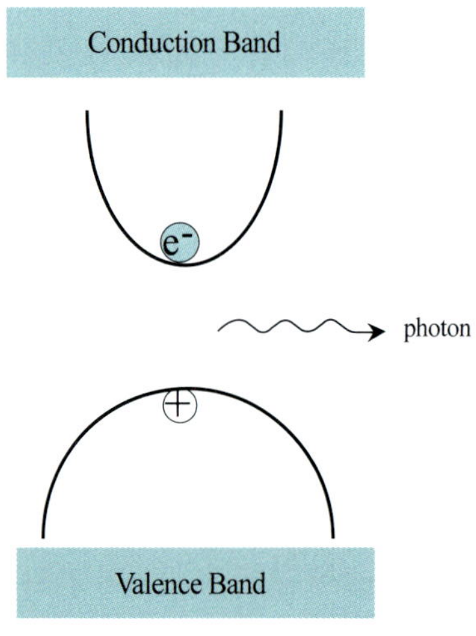

그림 4.1 직접 전자 천이에 의한 빛 방출

이러한 직접 천이가 일어나기 위해서는 전도대의 최소 에너지와 가전자대의 최대 에너지가 동일한 값의 크리스탈 모멘텀에 해당되어야 한다. 직접 천이는 주로 화합물 반도체에서 일어나며, 발생하는 빛의 파장은 대략 에너지 밴드갭에 의하여 식 (4.1)과 같이 결정된다.

$$\lambda = \frac{c}{f} = \frac{c}{\frac{E_g}{h}} = \frac{hc}{E_g} \tag{4.1}$$

LED의 기본 구조는 pn 접합이다. 동작 원리는 pn 접합에 순방향 바이어스를 가하여 소수 캐리어의 주입을 일으켜 전도대에 있는 전자가 가전자대에 있는 정공과 재결합시키는 것이다.

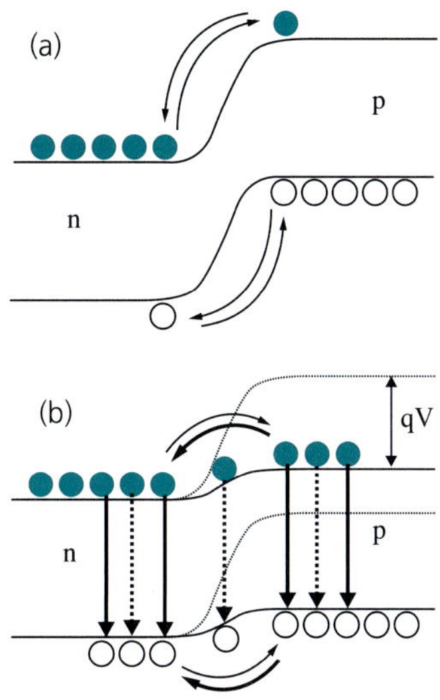

그림 4.2 순방향 바이어스된 LED에서의 재결합

대부분의 전자와 정공이 에너지 밴드 끝에 가까이 있으므로, 방출되는 빛의 스펙트럼은 그림 4.3과 같이 형성된다.

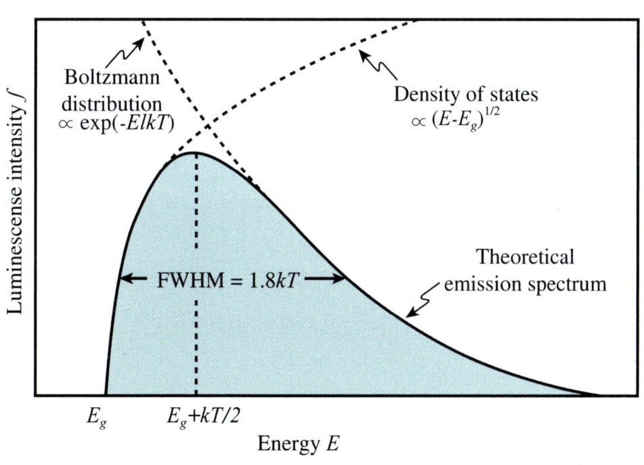

그림 4.3 LED의 발광 스펙트럼

현재 우리가 조명용으로 사용하는 LED의 구조는 효율을 높이기 위하여 계속 진화하여 왔다. 고효율을 위하여 먼저 그림 4.4와 같은 이중 이종 접합(Double Heterojunction) 구조가 개발되었다. 이러한 이중 접합 구조는 가운데 얇은 샌드위치층이 밴드갭 에너지가 작은 구조이기 때문에 그림 4.5와 같이 캐리어가 샌드위치층에 갇히게 되어 캐리어 농도를 높게 하여 내부양자효율을 높일 수 있다. 이러한 구조에서는 발광을 얇은 샌드위치된 층에서 발생시키는 것이 유리하다. 왜냐하면 발생한 빛이 다시 반도체에 흡수되지 않도록 하려면 발생한 빛이 밴드갭 에너지가 더 큰 반도체로 빨리 나가도록 해야 하기 때문이다. 또한 이 구조에서는 밴드갭 에너지 차이 때문에 순방향 바이어스가 걸릴 때 n형 AlGaN에서 p형 InGaN로 주입되는 전자가 p형 InGaN에서 n형 AlGaN로 주입되는 정공보다 훨씬 크게 되어 발광이 p형 InGaN에서 주로 일어나게 되므로 전류의 대부분이 효율적인 발광에 사용되어 효율을 높일 수 있다.

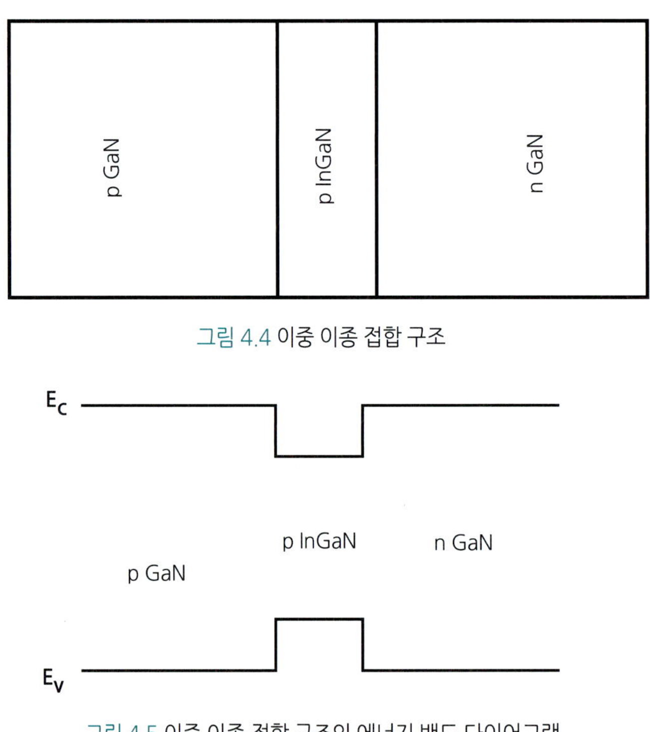

그림 4.4 이중 이종 접합 구조

그림 4.5 이중 이종 접합 구조의 에너지 밴드 다이어그램

최근 상용 제품에서는 효율을 개선하기 위하여 흔히 그림 4.6과 같은 MQW(Multiple Quantum Well, 다중 양자 우물) 구조를 사용한다.

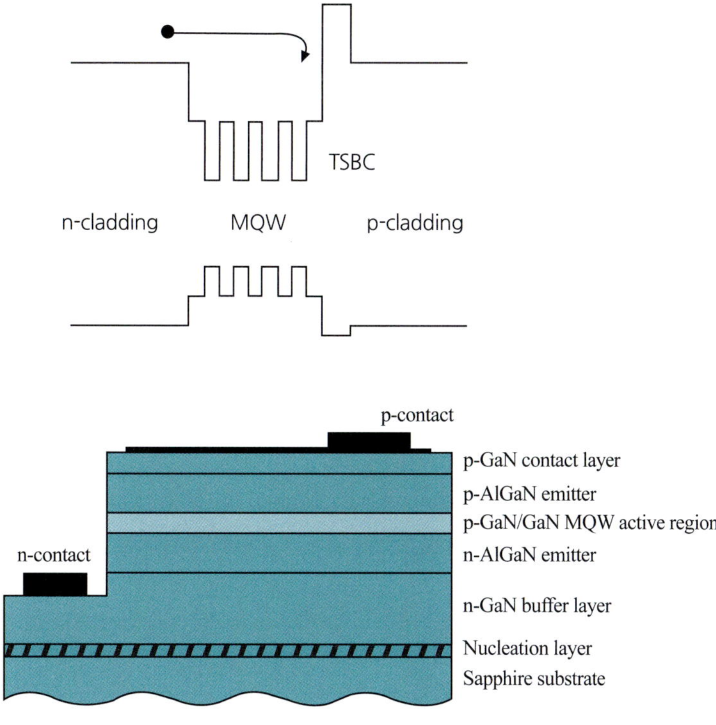

그림 4.6 MQW 구조

LED의 구조는 pn 접합이기 때문에 LED에 걸리는 전압과 LED에 흐르는 전류 사이의 관계는 식 (4.2)와 같이 나타낼 수 있다.

$$I_D = I_S(e^{\frac{eV_D}{nkT_j}} - 1) \tag{4.2}$$

IS는 역포화전류(reverse saturation current)로서 온도에 따라 급격히 증가하는 양이며, k는 볼츠만 상수, n은 ideality factor, T_j는 절대온도 단위로 접합 온도이다.

순방향 바이어스에서는 그림 4.7과 같이 전압에 따라 전류가 급격히 증가한다. LED를 유용한 세기의 빛을 발생시키는 광원으로 동작시키기 위해서는 전위 장벽을 작은 값이 되도록 낮추어야 하기 때문에, 순방향 바이어스 전압 크기가 밴드갭 에너지를 전자 전하로 나눈 값에 가까워야 한다.

실제 LED의 전류-전압 특성은 식 (4.2)로 잘 나타낼 수 없다. 순방향 높은 전압에서 전류가 식 (4.2)보다 작게 흐르는 현상이 발생한다. 가장 큰 이유는 LED에 전류가 흐를 때 직렬 저항 성분에 의한 전압 강하이다. 직렬 저항 성분에는 두 가지가 있다. 첫 번째는 LED

접합의 중성영역에 의한 전압 강하이다. LED 접합 주위에 공핍층이 형성되고, 접합으로부터 떨어진 곳은 중성을 유지한다. 중성 영역에 전류가 흐를 때 전압 강하가 일어나므로 저항 성분이 존재한다. 두 번째는 콘텍트의 저항 성분이다. 두 성분 중에서 대개 콘텍트 저항 성분이 훨씬 크다. 직렬 저항 성분은 보통 10 Ω 내외이지만, 구동 전류가 수백 mA 이상이고, 전류가 전압의 지수함수이기 때문에 전류-전압 특성에 미치는 영향이 상당히 크다.

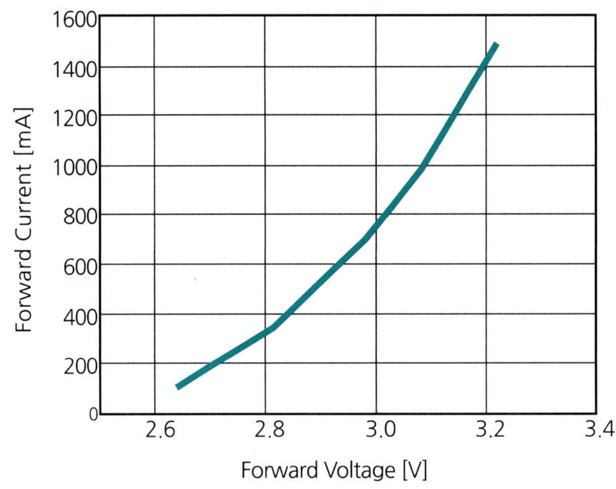

그림 4.7 LED의 전기적 특성(출처: 서울반도체 홈페이지 Z Power LED SZ5-M2)

LED도 pn 접합이기 때문에 온도에 따라 전류-전압 특성이 크게 영향을 받는다. 식 (4.2)에서 포화 전류는 캐리어 농도의 제곱에 비례하여 온도에 따라 급격히 증가하기 때문에, 괄호 안의 지수함수항의 영향을 압도하게 되어 온도가 올라가면 같은 전류를 흘리는데 필요한 전압이 그림 4.8과 같이 감소하게 된다.

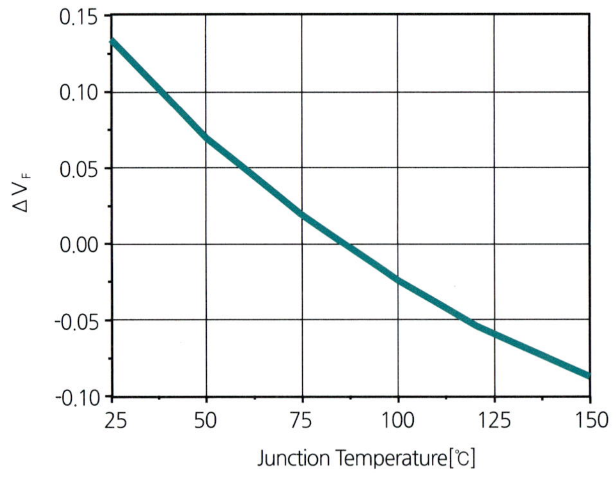

그림 4.8 LED 순방향 전압의 온도 특성(출처: 서울반도체 홈페이지 Z Power LED SZ5-M2)

LED는 그림 4.7에서 볼 수 있는 바와 같이 전압에 따라 전류가 민감하게 변하고, 그림 4.8에서 보는 바와 같이 온도에 따라 정해진 전류를 흘리기 위해 인가해야 하는 전압이 변하기 때문에, 전압원으로 구동하는 것은 공정의 편차와 온도의 변화를 고려할 때 적합한 방식이 아니기 때문에 보통 전류 구동 방식을 사용한다.

LED에 순방향 전류가 흐를 때 방출되는 빛의 광속은 만약에 양자 효율이 전류의 크기에 무관하다면 전류의 증가에 따라 미약하지만 전압도 약간 증가하므로, 기울기가 전류에 따라 약간 증가하는 비선형 특성을 가져야 한다. 그러나 실제 LED에서는 그림 4.9와 같이 전류 증가에 따른 양자효율의 감소로 기울기가 전류에 따라 약간 감소하는 비선형 특성을 갖게 된다.

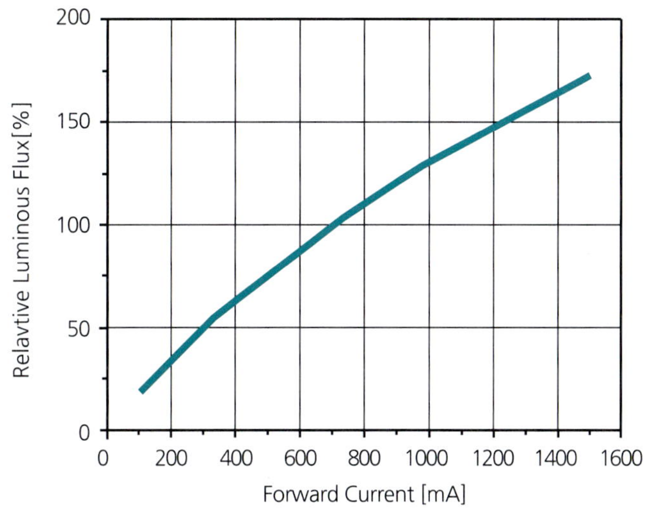

그림 4.9 LED 구동전류와 광속(출처: 서울반도체 홈페이지 Z Power LED SZ5-M2)

LED에서 방사되는 광속은 온도에 영향을 받는다. 그림 4.10은 온도의 증가에 따른 광속의 변화를 보여 주고 있다. 온도가 증가하면 비발광성 결합 확률이 높아지거나 캐리어 넘침(carrier overflow) 현상이 심화됨으로써 내부양자효율이 저하되어 광속의 감소를 가져온다.

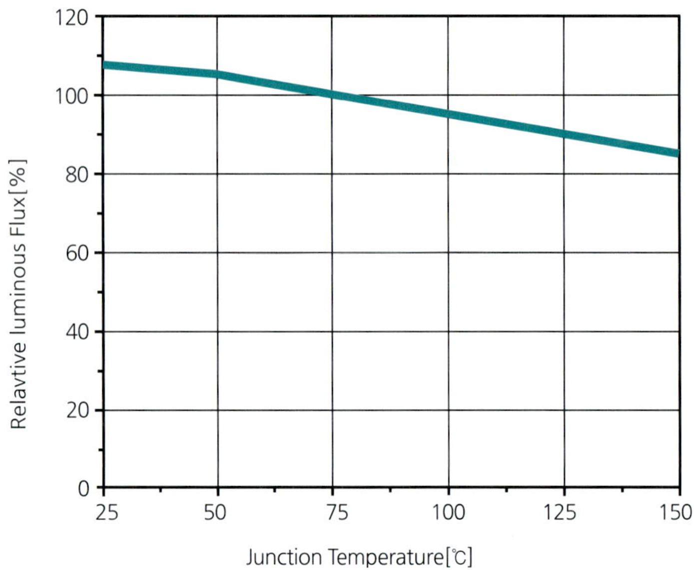

그림 4.10 온도에 따른 광속의 변화(출처: 서울반도체 홈페이지 Z Power LED SZ5-M2)

LED의 발광 스펙트럼은 구동 전류와 동작 온도에 영향을 받는다. 그림 4.11은 순방향 전류에 따른 색상의 변화를 보여 주고 있고, 그림 4.12는 온도에 따른 색상의 변화를 보여 주고 있다.

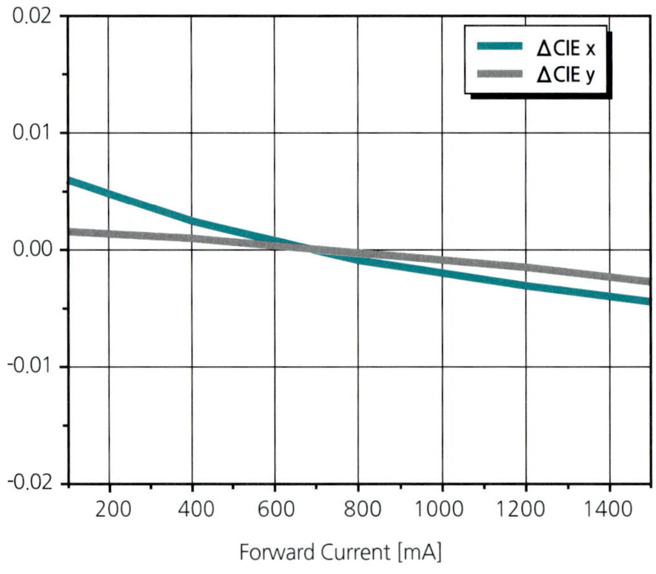

그림 4.11 LED 구동전류에 따른 색상의 변화(출처: 서울반도체 홈페이지 Z Power LED SZ5-M2)

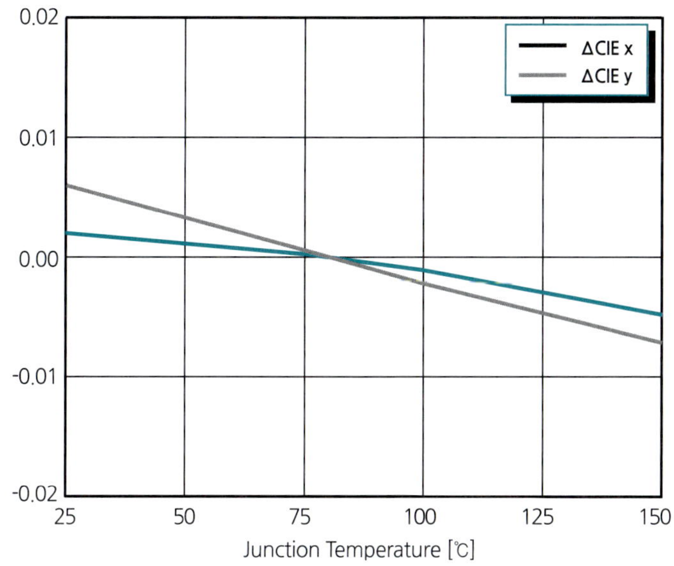

그림 4.12 온도에 따른 색상의 변화(출처: 서울반도체 홈페이지 Z Power LED SZ5-M2)

LED가 동작 중일 때 접합온도는 발열로 인하여 외부 단자나 방열판의 온도보다 높다. LED가 다른 광원에 비하여 효율이 높지만, 50% 이하이기 때문에, 공급된 전력에서 빛으로 바뀌는 전력을 제외하면 LED에 공급되는 전력의 절반 이상이 열로 바뀌게 된다. LED의 특성은 온도에 민감할 뿐 아니라 고온에서 동작시키면 수명도 단축된다. 따라서 방열은 매우 중요하다.

열의 흐름은 전류의 흐름과 유사하다. 온도의 차이가 열의 흐름을 발생시키므로 전압에 해당하고, 같은 온도 차이에도 열의 흐름의 크기는 방열 물질과 구조에 따라 결정되는 열저항에 반비례하게 되어 식 (4.3)과 같이 열의 흐름과 열 저항, 온도 차이 사이의 관계를 식으로 나타낼 수 있다.

$$Q = \frac{T_2 - T_1}{R_{th}} \tag{4.3}$$

열저항을 사용하여 LED 패키지를 열적으로 모델링하면 그림 4.13과 같이 나타낼 수 있다.

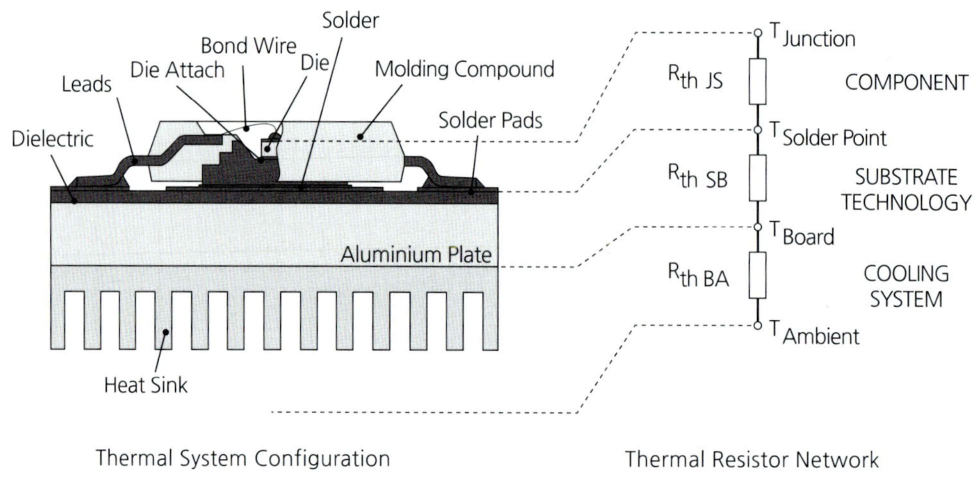

그림 4.13 LED의 열적 모델링

4-3 백색 LED

조명에서 요구하는 빛은 대부분 연색지수가 70 이상인 백색 LED이다. 백색 LED를 구현하는 가장 보편적인 방법은 InGaN LED를 사용하여 발생하는 440~460 nm의 빛을 인광물질인 YAG:Ce^{3+}에 쪼여 560 nm 파장으로 변환한 빛과 원래의 청색광을 결합하는 방식으로서 70~80의 연색지수 특성을 얻고 있다. 이러한 LED는 옥외 조명으로서는 사용 가능하지만, 보통 80 이상의 연색지수가 필요한 옥내 조명으로서는 부적합하다. 이를 개선하기 위하여 적색 빛으로 변환하는 인광물질을 추가하는 방법을 사용할 수 있으며, 최근 nitrodosilicate와 같은 인광물질을 사용하여 90 정도의 연색지수를 얻는 제품도 개발되었다.

인광물질을 사용하지 않고 LED만을 사용하는 멀티칩 방식에는, RGB 3색 방식과 RYGB 4색 방식이 있다. 3색 방식의 경우에는 연색지수를 85 이상을 얻을 수 없으나, 4색 방식의 경우에는 95 이상의 연색지수를 얻을 수 있다. 현재 녹색-황색 LED의 효율이 높지 않은 문제 때문에 RB LED에 녹색 인광 변환을 결합하는 하이브리드 방식도 개발되고 있다.

LED 성능 향상을 위한 향후 과제로는 녹색-황색 파장대에서의 효율 개선, 고전류에서의 효율 개선, 광추출 효율 개선, 방열 특성의 개선 등이 있다. CRI가 높고 효율이 높은 LED를 만들려면 녹색-황색 파장대에서 발광하는 LED가 필수적이다. 녹색-황색 LED를 만드는 방법은 두 가지이다.

$(Al_xGa_{1-x})_{1-y}In_yP$ 물질에서는 $y = 0.48$에서 격자 정합이 일어나며, AlInP 몰비율이 0에서 0.53까지 직접 천이가 가능한 직접 밴드갭 구조이다. Al 몰비율이 0이면 밴드갭이 약 1.9 eV (적색)이고, Al 몰비율이 0.53이면 밴드갭이 2.2 eV(황−녹색)이다. 반면에 $In_xGa_{1-x}N$ 물질에서는 InN 몰비율에 관계없이 직접 천이가 가능한 직접 밴드갭을 유지하며, 효율이 낮아지는 원인은 결정구조에 기인하는 편광효과와 격자 부정합으로 인한 스트레인으로 추정하고 있으나 아직 명확하게 규명되지 않은 상태이다. 현재까지 밝혀진 바로는 근본적인 제한은 없기 때문에 녹황색 파장대의 고효율 LED의 개발은 결국 시간 문제인 것으로 판단된다. LED는 동작 온도가 75℃ 이상이 되면 수명이 급격히 단축될 수 있으므로 방열에 유의해야 한다.

현재 전 세계적으로 진행되고 있는 GaN 백색 LED의 제작 방법은 크게 네 가지로 나눌 수 있다. 단일 칩 형태로 청색 또는 UV LED 칩 위에 형광물질을 결합하여 백색을 얻는 각각의 방법과 멀티 칩 형태로 두 개 혹은 세 개의 칩을 서로 조합하여 백색을 얻는 두 가지 방법으로 각각 나뉜다. 하나의 칩에 형광체를 접목시키는 방법은 1993년 후반에 들어 고휘도 청색 LED의 상용화가 이뤄지면서 청색 LED를 여기광원(excitation light source)으로 사용하여 YAG(Yttrium Aluminum Garnet)라는 노란색 형광물질을 통과시키는 방법을 적용한 백색 LED가 처음으로 등장하였다.

그러나 이 방법은 청색과 노란색의 파장 간격이 넓어 색 분리로 인한 섬광효과를 일으키기 쉽고, 주변 온도에 따라 색 변환 현상이 생길 수 있는 단점이 있었다. 이에 적색 형광물질을 첨가하여 발광 스펙트럼을 넓혀서 단점을 보완하고자 하였으나, UV LED가 여기광원으로 사용되면서 단일 칩 방법으로 조명용 백색 LED 광원 구현을 위한 가장 우수한 방법으로 대두되고 있다.

멀티 칩 형태로 백색 LED를 구현하기 위하여 처음에는 RGB의 3개 칩을 조합하여 제작하여 사용했으나, 각 칩마다 동작 전압의 불균일성과 주변 온도에 따라 각각 칩의 출력이 변해 색 좌표가 달라지는 문제가 발생하였다.

최근에는 보색 관계를 갖는 2개의 LED를 결합하여 만드는 BCW(Binary Complementary) LED가 출현했는데, 조명 효율이 형광등에 가까울 정도로 개선되었다. LED의 조명 효율이 빠른 속도로 높아지고 있는 추세로 비춰 향후 몇 년 후에는 형광등보다 높은 효율을 갖는 LED 조명등의 출현이 전망된다.

참고 문헌

[4.1] Efficient blue light-emitting diodes leading to bright and energy-saving white light sources, The Royal Swedish Academy of Sciences, 2014.

[4.2] E. Fred Schubert, Light-Emitting Diodes, 2nd ed. Cambridge University Press, 2006.

[4.3] SZ5-M2-WX-XX High-power LED datasheet, Seoul Semiconductor

LED 구동회로의 개요

5-1 LED 구동 회로
5-2 설계 시 고려 사항
5-3 LED 조명 표준

5-1 LED 구동 회로

4장에서 살펴본 바와 같이 LED의 전류-전압은 지수함수 관계를 따르기 때문에 전류는 전압에 따라 민감하게 변한다. 따라서 LED에 걸리는 전압은 전류에 따라 크게 변하지 않으므로, LED의 내부 양자효율이 전류에 크게 영향을 받지 않는다면 LED의 휘도는 전류에 대략 비례한다. 그러므로 원하는 휘도를 얻기 위해서는 LED를 일정한 전류로 구동하는 것이 바람직하다.

조명기기를 LED로 대체하는 주 목적은 전력 효율을 높이기 위함이다. 따라서 구동회로의 전력 효율은 LED의 장점을 상쇄하지 않도록 충분히 높아야 한다. 또한 초기 투자 부담을 최소화하도록 가격이 너무 높지 않아야 한다. 또한 50,000시간 이상이라는 LED의 긴 수명의 장점을 제대로 살리려면 구동회로의 수명도 50,000시간 이상이 되어야 한다.

가장 간단한 LED 구동회로는 그림 5.1과 같이 전압원을 LED에 직접 연결하는 방식이다. 전압원을 LED에 직접 연결하면 LED에 흐르는 전류를 안정적으로 공급하기 어렵다. 왜냐하면 같은 웨이퍼 상에서 얻은 LED도 특성이 균일하지 않아 같은 전압을 가하여도 전류가 크게 다를 수 있기 때문이다. 더구나 온도가 증가하면 전류가 증가하는 문제도 발생한다.

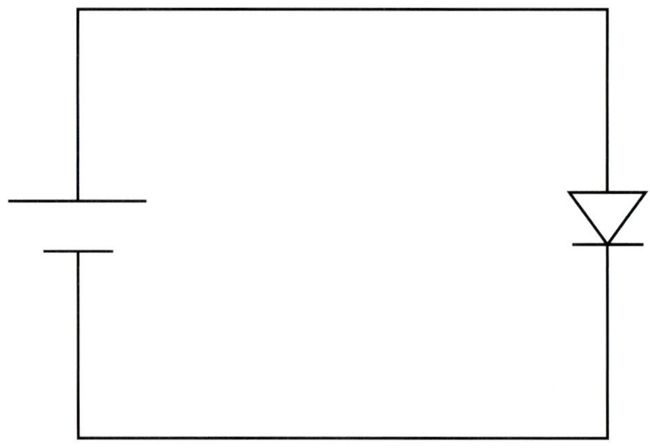

그림 5.1 LED의 전압 구동

가장 간단한 해결 방법은 그림 5.2와 같이 저항을 삽입하는 것이다. 발라스트 저항은 LED에 흐르는 전류가 입력 전압의 변동이나 LED의 특성의 변화에 둔감하도록 해준다. 그러한 둔감화 효과는 저항의 값이 클수록 커진다. 그러나 저항값이 커지면 전압강하에 의한 전력 손실도 커지게 되어 효율을 떨어뜨리는 문제점이 있다.

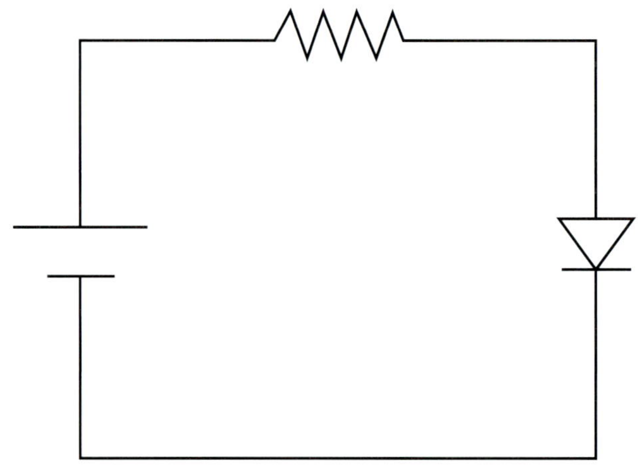

그림 5.2 발라스트 저항 구동 방식

그림 5.2의 회로에서 부하선에 대한 식은 식 (5.1)과 같다.

$$i_D = -\frac{1}{R}v_D + \frac{V_{DD}}{R} \tag{5.1}$$

부하선을 다이오드 특성과 함께 그리면 그림 5.3과 같다. 다이오드 특성 곡선과 부하선의 교점에 의하여 동작점이 결정된다.

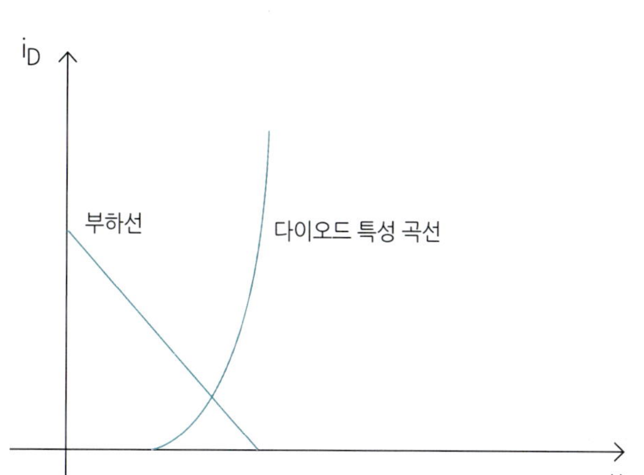

그림 5.3 부하선에 의한 동작점 해석

그림 5.4는 전원 전압의 변화에 따른 동작점의 변화를 보여 주고 있다. 발라스트 저항이 있는 경우에 부하선의 기울기는 저항값에 의하여 결정되기 때문에 전원 전압이 바뀌어도 기울기는 변하지 않고 v_D축과의 절편값만 변하게 되므로, 부하선과 다이오드 특성 곡선과의 교점은 크게 변하지 않게 된다. 그러나 발라스트 저항이 없는 경우 저항값을 0으로 가게 하는 것과 같으므로 그림 5.4에서 보는 바와 같이 부하선의 기울기가 무한대가 되면서 전원 전압을 바꿀 때 교점의 전류 크기가 많이 바뀌게 된다.

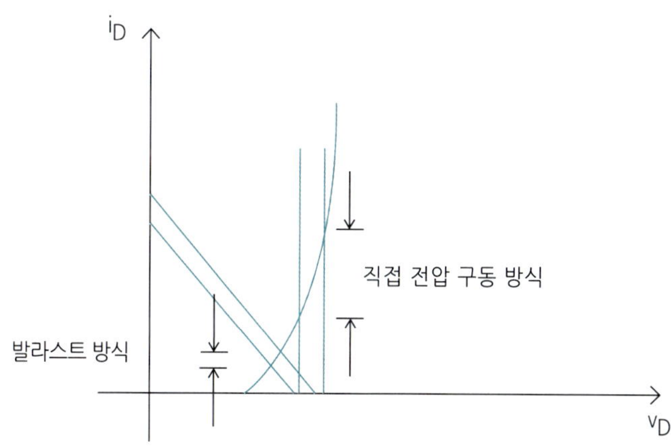

그림 5.4 전원전압의 변동에 따른 동작점의 변화

하나의 LED로 필요한 광속을 얻을 수 없는 경우가 많으므로, 여러 개의 LED를 사용하게 되는데 기본적인 LED의 연결 방식에는 그림 5.5와 같은 직렬 방식과 그림 5.6과 같은 병렬 방식이 있다. 직렬 방식에서는 모든 LED에 흐르는 전류가 같으므로 휘도가 거의 같다.

그러나 LED 중 하나가 고장이 나서 개방이 되면 전체 LED가 동작하지 않게 되는 단점이 있다. 병렬 방식에서는 LED에 걸리는 전압이 같게 되어 LED의 전류-전압 특성이 서로 같지 않으면 LED에 흐르는 전류가 서로 다르게 되므로 휘도도 서로 다르게 된다. 더구나 전류가 많이 흐르는 LED의 온도 상승으로 전류가 더 증가하는 열 폭주 현상이 발생할 위험성이 있다. 그러나 LED 중 하나가 개방이 되어도 다른 LED는 영향을 받지 않는 장점이 있다. 이러한 직병렬 연결의 장단점을 고려하여 때로는 그림 5.7과 같이 직렬 연결과 병렬 연결을 혼용하는 방식을 사용하기도 한다.

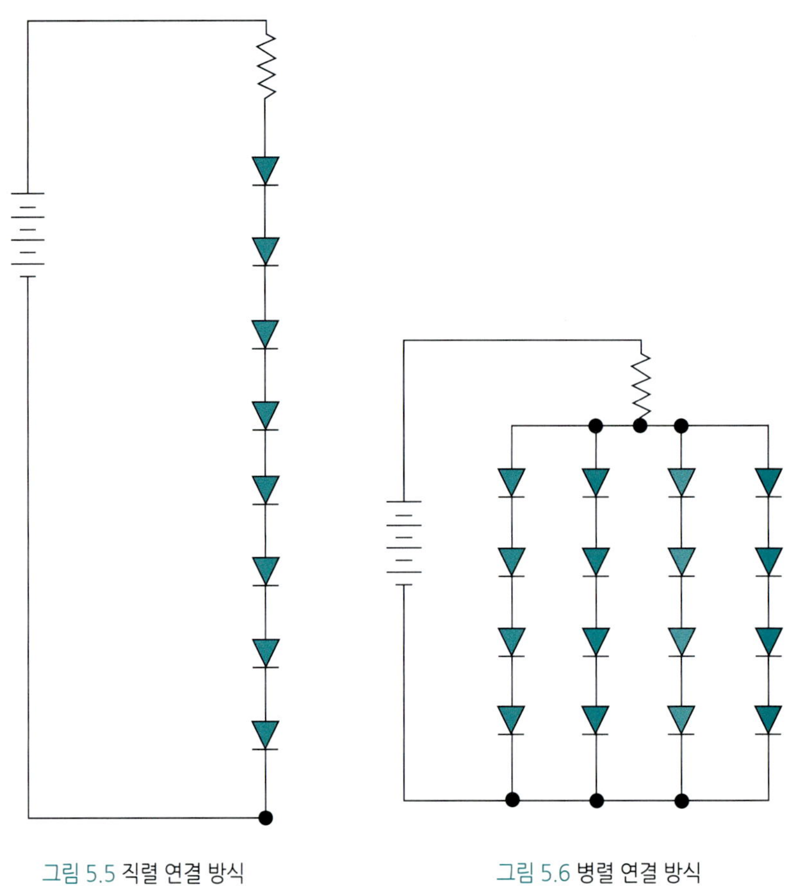

그림 5.5 직렬 연결 방식

그림 5.6 병렬 연결 방식

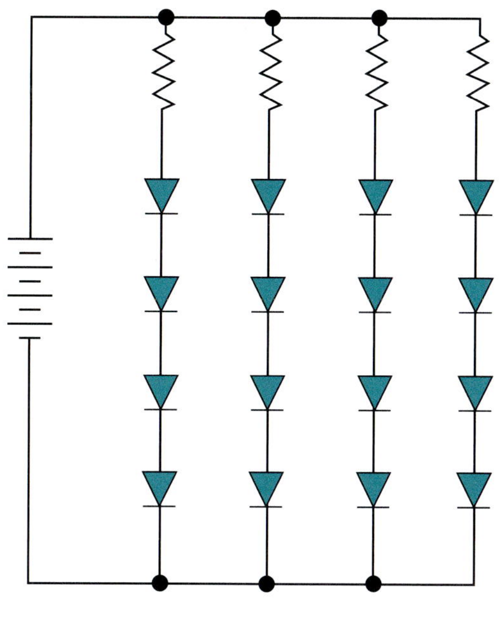

그림 5.7 직병렬 혼용 연결 방식

LED는 전류 제어가 필요하기 때문에 LED 직렬 블록에 흐르는 전류를 모니터하기 위하여 직렬 블록과 직렬로 저항을 삽입한다. 또 하나의 고려 사항은 직류(galvanic) 절연을 시킬 것인가의 문제이다. 또 다른 고려 사항은 LED에 반드시 직류 전류를 공급해야만 하는가 하는 문제이다. 왜냐하면 구동회로 출력에 들어가는 전해 커패시터는 신뢰도가 높지 못하여 LED의 수명보다 짧을 수 있기 때문이다. 그래서 아예 출력 커패시터를 달지 않거나, 작은 용량의 비전해 커패시터를 달아 맥류를 공급하는 방식도 시도되고 있다.

선형 레귤레이터는 그림 5.8과 같이 입력과 출력 사이에 직렬로 가변 전압 강하 역할을 하는 트랜지스터를 삽입하고, 부궤환을 걸어 출력 전압이 원하는 값이 되도록 트랜지스터를 제어하는 방식이다. 선형 레귤레이터는 전원 잡음이 작아 우수하나, 입력 전압과 출력 전압 차이가 클 때에는 트랜지스터에서 많은 전력이 소모되어 효율이 낮아지는 단점이 있다. LED에 흐르는 전류를 제어하기 위해서는 LED에 작은 저항을 직렬로 연결하고, 그 저항에 걸리는 전압을 그림 5.8에 있는 오차 증폭기의 비반전 입력에 가해 주어야 한다.

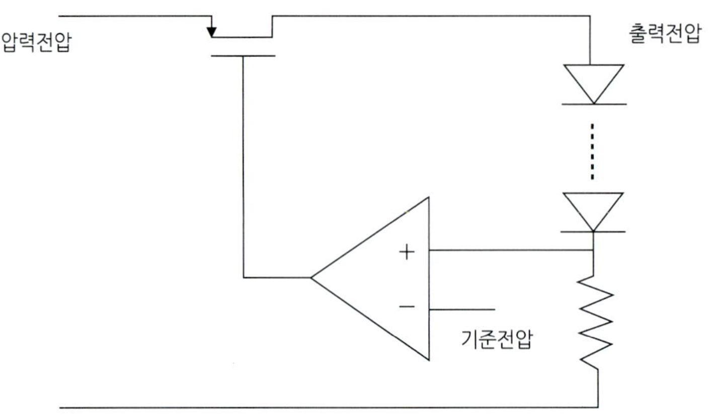

그림 5.8 선형 레귤레이터를 이용한 LED 구동

손실이 없는 스위치와 LC 소자를 사용하여 입력 전압을 원하는 전압으로 변환하는 방식이 스위칭 레귤레이터이다. 스위칭 레귤레이터는 변압기를 사용하여 접지를 격리할 수 있는 격리형 구조와 비격리형 구조로 분류할 수 있다. 기본적인 비격리용 스위칭 레귤레이터로서는 인덕터와 커패시터의 배열에 따라 그림 5.9와 같이 전압을 낮추는 벅 컨버터, 그림 5.10과 같이 전압을 올리는 부스트 컨버터, 그림 5.11과 같이 전압을 낮추거나 올리는 벅-부스트 컨버터 등이 있다. 변압기를 사용하는 방식은 접지를 분리할 수 있기 때문에 안전에 있어서 유리하고, 전압을 쉽게 올리거나 낮출 수 있을 뿐 아니라, 복수의 출력을 얻는 것이 용이하지만, 부피와 가격 면에서 불리하다.

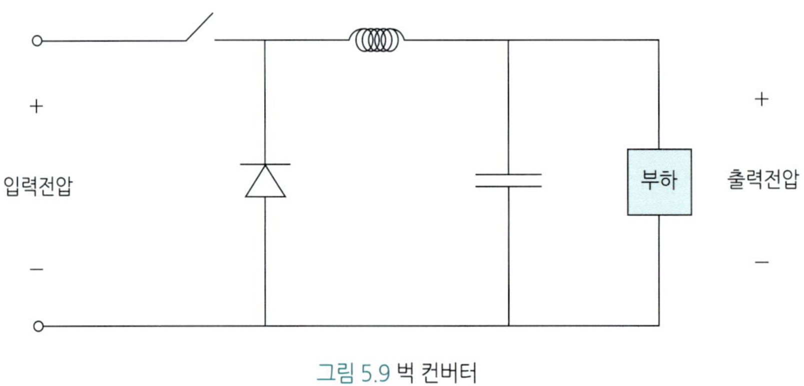

그림 5.9 벅 컨버터

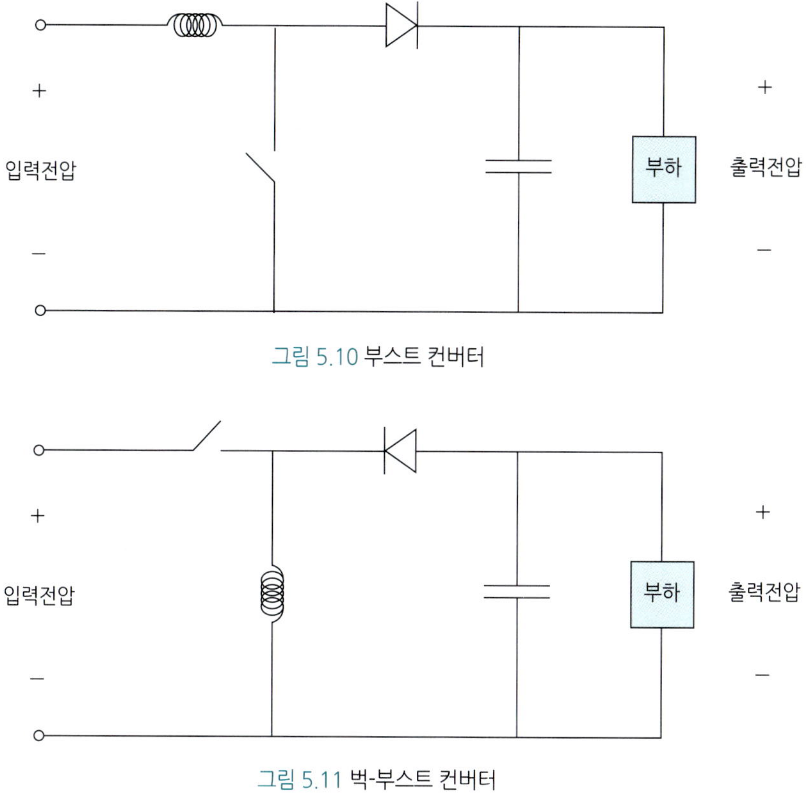

그림 5.10 부스트 컨버터

그림 5.11 벅-부스트 컨버터

상용 교류 전원을 LED 구동 회로의 입력으로 사용하는 경우에는 교류 전원의 역률을 고려해야 한다. 교류 전원에 순수한 저항성 부하가 연결되는 경우에는 부하에 흐르는 전류의 파형이 부하에 걸린 전압 파형과 같고, 부하에 에너지 저장이 이루어지지 않는다. 그러나 부하에 저항 성분뿐만 아니라 리액티브(용량성 혹은 유도성) 성분이 있는 경우에는 부하에 잠시 저장되었다가 다시 반환되는 전력 성분에 의하여 교류 선로에 손실이 발생하게 된다.

또한 부하에 흐르는 전류에 찌그러짐이 있는 경우에 찌그러진 전류는 기본파 성분과 고조파 성분들로 구성되어 있다고 볼 수 있다. 정현파의 직교성 때문에 고조파 전류 성분은 부하에 전력을 공급하지 못하므로, 불필요한 전류 성분이 교류 선로에 흐르게 되는 것을 의미한다. 그림 5.12와 같이 브리지 정류기 출력에 커패시터 필터를 달면, 다이오드에 흐르는 전류의 최대치는 그림 5.13과 같이 전압의 최대치보다 약간 앞서게 되어 전압과 전류 사이에 위상 차이가 나게 되며, 짧은 시간 동안만 전류가 흐르기 때문에 상당한 고조파가 발생한다. 이 경우 역률 PF는 식 (5.2)와 같이 표현된다.

$$PF = \frac{1}{\sqrt{1 + THD^2}} \cos\phi \tag{5.2}$$

여기에서 THD는 전체 고조파왜곡율이며, ϕ는 기본파 전압과 전류의 위상차이다.

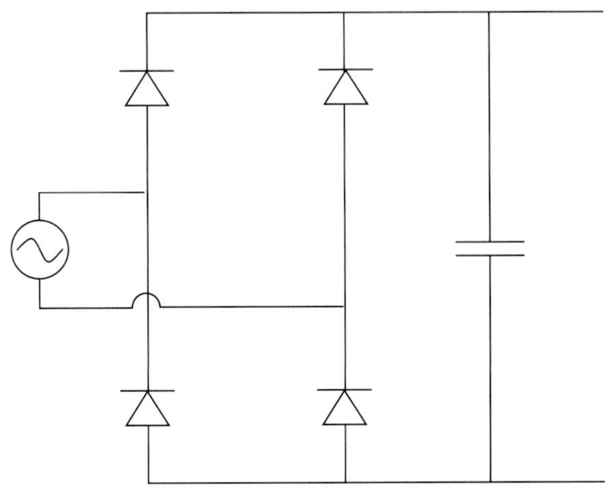

그림 5.12 커패시터 필터가 달린 전파 정류 회로

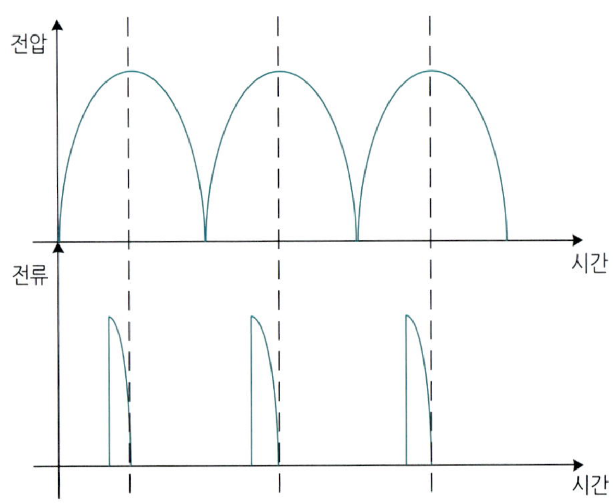

그림 5.13 커패시터 필터가 달린 전파 정류 회로의 입력 전류

커패시턴스가 충분히 큰 경우에는 전압과 전류 사이의 위상 차이는 크지 않으나, 고조파 성분으로 인한 역률 저하가 많이 발생할 수 있다. 역률을 개선하기 위해서는 수동회로를 사용하는 방법과 능동회로를 사용하는 방법이 있다. 능동회로를 사용하는 방법에는 연속전류모드의 경우 2개의 피드백 루프와 승산기를 사용하여 구현할 수 있으나, 회로가 복잡하여 저가의 구동회로에 적합하지 않아, 이를 단순화한 방식으로서 단일 사이클 제어

방식이 개발되었다. 그러나 실제 가장 널리 사용되는 방식은 그림 5.14와 같이 DCM 또는 BCM 모드로 부스트 컨버터를 동작시킴으로써, 전류의 평균값이 입력 전압에 비례하도록 하는 방식이다.

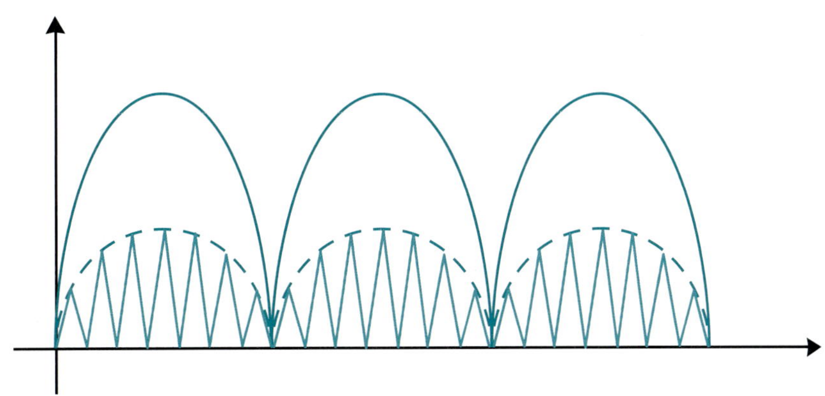

그림 5.14 DCM 또는 BCM으로 동작하는 부스트 컨버터의 입력 전류 파형

LED 조명의 경우에도 밝기를 연속적으로 조광(디밍, dimming)하는 기능이 필요하다. 조광은 구동 전류의 크기를 바꾸어 구현할 수 있으나, 구동 전류 변화에 따른 피크 파장의 천이 현상을 피하기 위하여 펄스 전류로 구동하고 전류의 크기는 고정한 채 펄스 폭을 바꾸어(PWM) 밝기를 조절하는 방식을 많이 사용한다. 이때 펄스의 주파수는 플리커(flicker) 현상을 피하기 위하여 120 Hz보다 높은 주파수를 사용하면 되지만, 고속 카메라용 조명에서는 셔터 속도를 고려하여 높은 펄스 주파수를 사용해야 한다.

그러나 LED 조명 장치로 기존의 백열등을 대치하였을 경우 기존 백열등용 조광기를 사용할 수 있도록 호환성을 주는 것이 필요하다. 이를 위해서는 그림 5.15와 같이 기존에 트라이액 소자에서 위상 제어가 되어 들어오는 파형을 감지하여 그에 상응하는 조광용 PWM 신호를 생성하는 기능이 요구된다.

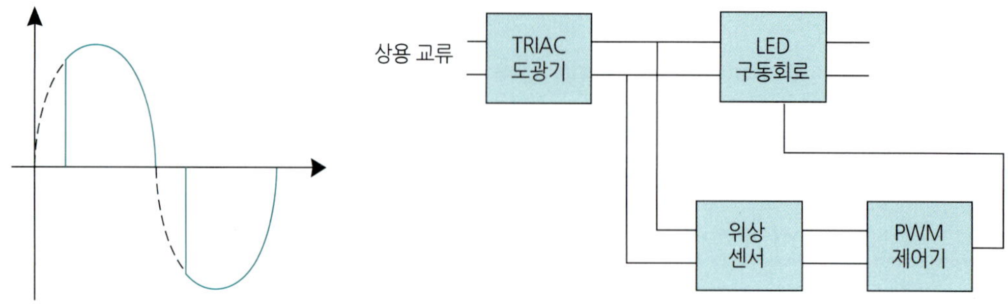

그림 5.15 트라이악 호환 LED 조광 회로 방식

5-2 설계 시 고려 사항

LED 구동회로 설계 시 고려해야 할 사항은 다음과 같다.

(1) 개발 기간 : 출시까지 걸리는 시간을 좌우하며, 개발 비용에도 영향을 준다.

(2) 원가 : 시장 경쟁력의 핵심으로서, 개발 비용이나 초기 기술료 비용, 칩 마스크 제작 비용과 같이 1회 발생하는 NRE(Non-Recurring Engineering) 비용과 BOM(Bill of Materials)이나 조립 비용 등과 같이 생산량에 비례하는 단위 비용으로 구성되어 있다.

(3) 설계의 복잡성 : 개발에 들어가는 인력, 시간, 비용을 좌우하는 요소이다.

(4) 입출력 조건 : 입력 전원과 부하의 상황, 입력 전원이 상용 교류인 경우 PFC가 필요하다. LED의 개수와 순방향 바이어스 전압의 크기를 고려하여 출력 전압을 추정하고, 입력 전압과의 관계를 고려하여 구동회로의 구조를 결정한다.

(5) 방열설계 : 전력 소모와 방열 구조 및 재료는 LED의 접합 온도를 결정하고, LED 접합 온도는 LED의 광출력과 방출 스펙트럼뿐만 아니라 수명에 영향을 준다.

(6) 안전규정 : 상용 교류 전원을 사용하는 경우 구동회로와 접지 분리의 필요성을 고려한다. 감전의 위험성, 열 폭주 등으로 인한 과열에 의한 소손 위험성 등을 고려한다.

(7) 보호회로 : 과전압, 과전류, 과열, 부하의 단락과 개방 등의 비정상 동작 상황에 대한 보호 회로가 필요하다.

(8) 광 효율 : 광원의 램프 효율과 등기구의 광효율을 고려한다.

(9) 전력변환 효율 : 구동회로의 전기적 효율을 고려한다.

(10) PF, THD 등에 관한 국제적 규정을 따라야 한다.

(11) 구동단 신뢰성과 수명 : 비교적 신뢰도가 낮은 전해 커패시터와 옵토커플러 등의

수명이 동작 조건에 의하여 받는 영향을 고려한다.

(12) 출력 정전류 제어 오차범위 : LED에 인가되는 리플 전류가 미치는 영향을 고려한다.

(13) 조광과 조광 동작 범위 : 기존 트라이악 기반 위상제어 조광기와의 호환성, 조광률, 과도전류제한, 댐핑, 블리더 회로 등을 고려한다.

(14) 플리커 : LED에 맥류를 공급할 경우 발생하는 플리커가 인체에 주는 영향을 고려하여 허용 가능한 크기와 주파수를 결정한다.

(15) 제한된 보드(PCB) 공간 : 조명 기구에 요구되는 크기 제한에 따른 회로 기판의 크기를 고려한다.

5-3 LED 조명 표준

많은 LED 조명 제품이 시장에 출시되면서 여러 가지 문제점이 노출되었다. 수명이 짧거나, 색상이 나쁘거나, 광속이 제대로 나오지 않는 제품에 대한 불만과 부정확한 성능 표시, 부족한 정보, 색상의 질에 대한 의문 등으로 아직도 상당수의 조명 디자이너가 LED 조명 제품을 신뢰하지 않고 있다. 미국의 에너지성(Department of Energy)에서는 에너지 스타(Energy Star)나 캘리퍼(CALiPER)와 같은 프로그램을 통하여 이러한 문제를 해결하려고 노력하고 있다.

표준(standards)은 용어의 정의를 명확히 하고, 테스트 방법과 인증에 있어서 객관성을 제공함으로써, 소비자에게 유사 제품에 대한 신뢰성있는 비교 구매를 가능하게 하기 때문에, 결국 기업과 소비자 모두에게 도움이 된다. 또한 공공의 안전과 에너지 소비의 억제, 환경 보호를 가능하게 한다.

에너지 스타 프로그램에서는 시험 방법 및 측정에 관해서 IESNA LM-79, 색상 규격에 관해서 ANSI C78.377, 수명 측정에 관해서 IESNA LM-80, 측정 실험실 인증에 관해서 NVLAP EELP-SSL, 용어에 관해서 ANSI/IESNA RP-16 addendum a의 표준을 따르고 있다. 미국 에너지성에서 추천하는 LED 조명에 대한 표준을 표 5.1에서 볼 수 있다.

캘리퍼 프로그램은 Commercially Available LED Product Evaluation and Reporting의 약어로서, LED 조명제품의 성능을 향상시키고 시중에 유통되고 있는 다양한 형태의 제품의 샘플링을 통해 신뢰성이 높은 공정한 방법으로 제품들의 성능을 시험하고 제조사 표기 성능과 일치하는지에 대한 정보를 제공한다. CALiPER 시험결과에 대한 타당성을 확보하기 위해 일반 조명시장에서 구입할 수 있는 모든 제품을 대상으로 하고 있다.

표 5.1 미국 에너지성이 에너지 스타 프로그램에 적용하는 LED 조명 표준

표준	분야	내용
ANSI C78.377-2015	색상	CCT(상관 색 온도)를 통한 백색 LED의 색상(chromaticity) 범위 추천
IES G-2	백색 LED 가이드라인	LED 기술의 실내 및 실외 조명에 관한 전반적 설명, 설계 및 효과적 사용을 위한 가이드라인
IES LM-79-2008	전기적/측광학적 측정	광속, 전력, 발광 효율, 색상의 측정
IES LM-80-2008	노화에 따른 LED 광속 저하	LED의 광속 저하 측정 및 수명 예측
IES LM-82-2012	온도의 함수로서 LED의 전기적, 측광학적 특성 측정	온도에 따른 광속 저하 측성을 통한 수명 추정
IES LM-84-14	광속과 색상의 관리를 위한 측정	LED, LED 엔진, LED 등기구의 광속과 색상의 측정 방법
IES LM-85-14	대전력 LED의 전기적, 측광학적 측정	백색 LED와 컬러 LED의 광속, 복사속, 전력, 발광 효율, 색상 특성, 스펙트럼 등의 측정
IES RP-16 addendum a and b	조명 용어와 정의	산업 표준 LED 조명 용어
IES TM-21-2011	LED 광속의 장기간 저하 특성	LM-80 측정 데이터를 기반으로 LED 광속의 장기간 저하 특성 예측 방법
IES TM-28-14	LED 등기구 광속의 장기간 관리	LED 등기구 광속의 장기간 관리를 위한 샘플링, 테스트 간격과 기간에 대한 가이드라인 및 절차
NEMA SSL 1-2010	LED 소자, 어레이, 시스템을 위한 구동회로	일반 조명용 LED 소자, 어레이, 시스템을 위한 구동회로의 스펙과 동작 특성
NEMA SSL 3-2011	대출력 백색 LED의 특성별 분류	LED의 색상 특성에 따른 일관성 있는 분류 포맷
NEMA SSL 4-2012	기설치 등기구와 호환성이 있는 램프	색, 광출력, 동작전압, 광속관리, 크기, 전기적 특성에 대한 성능 평가 기준
NEMA SSL 6-2010	백열등 교체용 LED 조명	기설치 백열등 교체 시 조광 기능의 호환성
NEMA SSL 7A-2013	LED 조명을 위한 조광	기존 트라이악 방식과의 호환성을 위한 조광 방법
UL 8750	LED 조명에 대한 안전	LED 소자, 어레이, 시스템을 위한 전원과 제어회로의 안전성 요건

IEC(International Electrotechnical Commission)는 전기전자 분야 국제 표준의 제정 및 유지 관리를 담당하고 있으며, 산하에 분야별로 기술 분과(technical committee)를 운영하고 있다. 조명분야 표준은 1948년에 조직된 IEC TC 34(lamps and related equipment)를 기본으로 SC 34A램프(lamps), SC 34B 소켓 및 홀더(lamp caps and holders), SC 34C 안정기(auxiliaries for lamps), SC 34D 등기구(luminaires) 분과위원회가 활동하고 있으며, LED 조명과 관련된 IEC 표준은 표 5.2와 같다.

표 5.2 IEC LED 조명 관련 표준

규 격	규격명
IEC 62471	Photobiological safety of lamps and lamp systems
IEC 60838-2-2	Miscellaneous lamp holders – Part 2-2: Particular requirements – Connectors for LED-modules
IEC 62384	DC or AC supplied electronic control gear for LED modules – Performance requirements
IEC 61347-2-13	Lamp control gear – Part 2-13: Particular requirements for d.c. or a.c. supplied electronic control gear for LED modules
IEC 62031	LED modules for general lighting – Safety specifications
IEC 62560	Self-ballasted LED-lamps for general lighting services by voltage > 50 V – Safety specifications
IEC 62612	Self-ballasted LED-lamps for general lighting services by voltage > 50 V – Performance requirements

표 5.3 LED 조명 관련 KS 규격

구 분	KS 표준번호	KS 표준명
1	KS C 7104	발광다이오드(LED)의 성능 평가 방법
2	KS C 7528	LED 교통신호등
3	KS C IEC 60838-2-2	기타 램프홀더 제2-2부: 개별 요구사항 – LED 모듈용 커넥터
4	KS C IEC 62384	LED 모듈용 DC/AC 전원 제어장치 – 성능요구사항
5	KS C 7651	컨버터 내장형 LED램프의 안전 및 성능요구사항
6	KS C 7652	컨버터 외장형 LED램프의 안전 및 성능요구사항
7	KS C 7653	매입형 LED 등기구의 안전 및 성능요구사항
8	KS C 7654	LED 비상 유도 등기구의 안전 및 성능요구사항
9	KS C 7655	LED 모듈 전원공급용 컨버터 안전 및 성능요구사항
10	KS C 7656	이동형 LED 등기구의 안전 및 성능요구사항
11	KS C 7657	LED 센서등기구의 안전 및 성능요구사항
12	KS C 7658	LED 가로등기구의 안전 및 성능요구사항
13	KS C 7659	문자 간판용 LED 모듈의 안전 및 성능요구사항

(계속)

14	KS C 0413	LED 지중매입등기구의 안전 및 성능요구사항
15	KS C 0414	자전거용 LED 조명의 안전 및 성능요구사항
16	KS C 0415	LED 경관등기구의 안전 및 성능요구사항
17	KS C 0416	LED 항공장애표시등기구의 안전 및 성능요구사항
18	KS C 0417	LED 투광등기구의 안전 및 성능요구사항
19	KS C 0418	LED 터널등기구의 안전 및 성능요구사항

우리나라에서도 표 5.3에 정리된 LED 조명에 대한 국가 표준을 2000년대 초부터 제정하기 시작하여 2009년과 2010년에 걸쳐 대부분 제정하였다.

표 5.4에는 에너지 스타 프로그램에서 요구하는 사항 중에서 주로 LED 구동부에 관련된 항목을 정리하였다.

표 5.4 LED 구동부에 관한 규격과 규정

항목	참조	기준
역률(PF)	Energy Star Program Requirements for Solid-State Lighting Luminaires Version 1.1 (발효 : Feb 1, 2009)	≥ 0.7 (주거용) ≥ 0.9 (상업용)
	Energy Star Program Requirements Product Specifications for Luminaires (Light Fixtures) Version 1.0 (발효 : Oct 1, 2011)	Residential ≥ 0.7 for >5W Commercial ≥ 0.9 for >5W
전 고조파 왜곡률 (THD)	EN(IEC)61000-3-2 Class C (조명)	Class C (>25W) ≤ 30%THD (3rd Harmonic) Class D (≤25W)
	KS C7651/2/3 (IEC61000-3-2)	Class C (>25W) Class D (≤25W)
조광	Energy Star Program Requirements Product Specifications for Luminaires (Light Fixtures) Version 1.0 (발효 : Oct 1, 2011)	최대 밝기 기준 35%에서 100%까지 연속적으로 조절
동작 전압	NEMA SSL 1-2010	120, 127, 208, 220, 230, 240, 277, 347, 480 VAC @ 50 or 60 Hz, 12 또는 24V AC 또는 V DC

(계속)

대기 전력	Energy Star Program Requirements for Solid−State Lighting Luminaires Version 1.1 (발효 : Feb 1, 2009)	전원 차단 시 0 W 단 "controlled/intelligent"Luminaires (Automatic switch 등) 는 〈0.5W
	Energy Star Program Requirements Product Specifications for Luminaires (Light Fixtures) Version 1.0 (발효 : Oct 1, 2011)	전원 차단 시 0 W 단 "controlled/intelligent"Luminaires (Automatic switch 등) 는 <1.0W
점등 시간	Energy Star Program Requirements Product Specifications for Luminaires (Light Fixtures) Version 1.0 (발효 : Oct 1, 2011)	1초 이내
램프 규격	MR16, PAR16/20/30S/30L/38 dimension	ANSI C78.21−2003
동작 주파수	Energy Star Program Requirements for Solid−State Lighting Luminaires Version 1.1 (발효 : Feb 1, 2009)	≥ 120 Hz
	Energy Star Program Requirements Product Specifications for Luminaires (Light Fixtures) Version 1.0 (발효 : Oct 1, 2011)	≥ 120 Hz (Dimming at all light outputs)
과도 보호	Energy Star Program Requirements for Solid−State Lighting Luminaires Version 1.1 (Effective date: Feb 1, 2009)	IEEE C.62.41−1991 Class A
EMI & RFI	Energy Star Program Requirements for Solid−State Lighting Luminaires Version 1.1 (Effective date: Feb 1, 2009),LED Luminarie: Energy Star (Effective date: 01. Sep. 2011)	FCC 47 CFR part 15 CISPR15 과 유사
최소 동작온도	Energy Star Program Requirements for Solid−State Lighting Luminaires Version 1.1 (Effective date: Feb 1, 2009)	−20℃ 가정
	NEMA SSL 1−2010	−40 to 60℃

(계속)

노이즈	Energy Star Program Requirements for Solid−State Lighting Luminaires Version 1.1 (Effective date: Feb 1, 2009)	Class A
효율	Energy Star Program Requirements for Solid−State Lighting Luminaires Version 1.1 (Effective date: Feb 1, 2009)	24 ~ 45 lm/W Category B: ≥70 lm/W 발효 : Sep. 30, 2011
	Energy Star Program Requirements Product Specifications for Luminaires (Light Fixtures) Version 1.0 (Effective date: Oct 1, 2011)	≥65* lm/W 발효 : Sep. 1, 2013
수명	Energy Star Program Requirements for Solid−State Lighting Luminaires Version 1.1 (Effective date: Feb 1, 2009) & Energy Star Program Requirements Product Specifications for Luminaires (Light Fixtures) Version 1.0 (발효 : Oct 1, 2011)	실내 주거용 : 25K hours 실외 주거용 : 35K hours 상업용 : 35K hours
보증	Energy Star Program Requirements Product Specifications for Luminaires (Light Fixtures) Version 1.0 (발효 : Oct 1, 2011)	비교체형: 5 년 교체형: 3 년
안전 규정	UL 8750, UL1598, UL153, UL1012 (Other than class2), UL1310 (class 2), UL1574, UL2108, UL60950−1	

참고 문헌

[5.1] Mohan, Undeland, and Robbins, Power Electronics: Converters, Applications, and Design, 3rd ed. Wiley

[5.2] 미국 에너지성 홈페이지
energy.gov/eere/ssl/standards-development-solid-state-lighting

[5.3] 국가표준인증 통합정보시스템
standard.go.kr/KSCI/pottotalsearch/totalSearch.do

스위칭 레귤레이터

6-1 스위칭 레귤레이터의 개요
6-2 스위칭 레귤레이터의 종류
6-3 스위칭 레귤레이터의 용어
6-4 스위칭 레귤레이터의 기본 법칙
6-5 벅 컨버터 동작의 해석
6-6 컨버터의 소신호 모델링과 제어 회로의 주파수 보상

6-1 스위칭 레귤레이터의 개요

선형 레귤레이터에서는 입력 단자와 출력 단자 사이에 전압 강하를 조절하는 소자를 직렬로 삽입하여 출력 전압을 조절하므로, 입력 전압이 출력 전압보다 크게 높을 때에는 직렬로 삽입된 소자에서 많은 전력 소모가 발생한다.

스위칭 레귤레이터에서는 전압 강하를 조절하는 소자를 사용하지 않고 스위치의 듀티를 바꾸어 줌으로써 출력 전압을 조절하므로 높은 변환 효율을 달성할 수 있다. 스위칭 레귤레이터에서는 전압을 유지시키는 관성을 가진 커패시터, 전류를 유지시키는 관성을 가진 인덕터, 전류를 단속하는 스위치를 사용한다. 커패시터, 인덕터, 스위치는 손실이 작으므로 매우 높은 효율을 얻을 수 있으며, 발열이 줄어 방열의 필요성도 감소하여 전원을 소형경량화 하는 데에도 유리하다.

스위칭 레귤레이터의 기본 개념은 그림 6.1과 같은 회로에서 파형을 생각하면 쉽게 이해할 수 있다. 그림 6.1(a)에서 스위치가 주기가 T이고, 듀티가 D인 주기 함수로 구동되는 경우, 저항에 공급되는 전압과 전류는 그림 6.1(b)와 같다. 그림 6.1(b)에서 우리는 저항에 공급되는 평균 전압이 식 (6.1)과 같이 듀티를 바꾸어 조절할 수 있다는 것을 알 수 있다.

$$\overline{v_o} = DV_i \tag{6.1}$$

그러나 저항에 공급되는 전압과 전류는 맥류이기 때문에 필터링이 필요하다.

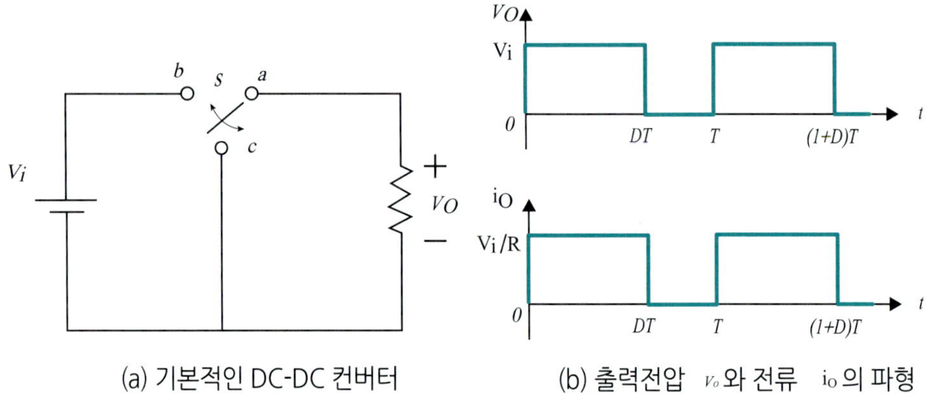

그림 6.1 스위칭 레귤레이터의 개념도

그림 6.1(a)의 회로에 LC 저역통과 필터를 달면 그림 6.2와 같은 회로를 얻을 수 있다. 그림 6.2의 회로가 스위칭 레귤레이터의 기본 구조인 벅 컨버터이다. 스위칭 레귤레이터는 전력용 MOSFET 등 반도체 소자를 스위치로 사용하여 직류 입력 전압을 일단 구형파 형태의 전압으로 변환한 후, 필터를 통하여 제어된 직류 출력 전압을 얻는 장치로서, 종래의 선형 레귤레이터 방식의 전원장치에 비해 효율이 높고, 소형경량화에 유리한 전원장치이다.

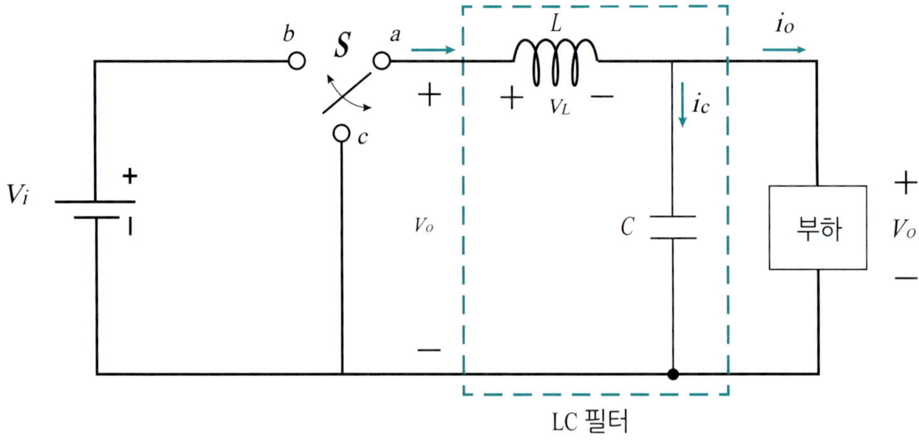

그림 6.2 그림 6.1(a)에 LC 필터를 달아 도출된 벅 컨버터

표 6.1 선형 레귤레이터와 스위칭 레귤레이터의 비교

	선형 레귤레이터	스위칭 레귤레이터
효율	낮음(30~60%)	높음(70% ~ 95%)
크기	대형(변압기 & 방열판 등)	소형(선형의 1/4 ~ 1/10)
무게	무거움(변압기 & 방열판 등)	가벼움(선형의 1/4 ~ 1/10)
회로구조	간단(변압, 정류, 안정화회로 등)	복잡(정류, 스위칭, 펄스제어, 변압, 정류회로 등)
안정도	높음 (0.001 ~ 0.1%)	보통(0.1 ~ 3%)
리플	작음 (0.1 ~ 10 mV)	큼(10 ~ 200 mV)
과도응답	빠름 (50 us ~ 1 ms)	보통(500 ~ 10 ms)
입력전압	입력 전압이 크면 효율 저하	직류 및 110 V/220 V 겸용
비용	낮음	보통
신뢰성	보통(부품수가 작지만 동작 온도 상승에 따라 저하 가능성)	보통(부품수는 많지만 온도가 낮음)
용도	저잡음, 소용량	소형 고효율을 요구하는 전원으로 대용량

스위칭 레귤레이터는 직류 입력 전압을 다시 필요한 직류 전압으로 변환하는 DC-DC 컨버터, 출력 전압을 안정화시키는 궤환 제어 회로 등으로 구성되어 있다. 궤환 제어 회로는 다시 출력 전압의 오차를 증폭하는 오차 증폭기, 증폭된 오차와 삼각파를 비교하여 구동 펄스를 생성하는 비교기, DC-DC 컨버터의 주 스위치를 구동하는 구동 회로 등으로 구성되어 있고, DC-DC 컨버터는 주 스위치와 환류(freewheeling) 다이오드, 저역 통과 필터인 LC 필터 등으로 구성되어 있다.

일반적으로 선형 전원은 상용 교류 전압의 승압/강압과 접지 격리 등의 목적으로 사용하는 저주파(50~60 Hz) 변압기 그리고 낮은 효율 때문에 요구되는 큰 방열판 때문에 크기나 무게를 줄이기 어렵다. 효율이 낮은 이유는 입력 전압의 변동에 대한 조절을 위하여 입력 전압이 높을 때 전압을 크게 떨어뜨려야 하기 때문에 손실이 크기 때문이다. 반면에 스위치 모드 전원은 고주파에서 동작하는 변압기를 사용하므로, 크기와 무게를 획기적으로 줄일 수 있고, 효율을 높여서 방열판의 크기를 작게 할 수 있어서 전원의 크기와 무게를 줄일 수 있다.

전력전자용 MOSFET의 개발은 스위칭 주파수를 더욱 높일 수 있는 기회를 제공했고, 이로써 인덕터나 변압기의 크기를 더욱 줄일 수 있었다. 초기의 스위칭 주파수는 수십 kHz

였으나, 최근 수백 kHz에서 수 MHz 대까지 높아지고 있는 추세이다. 스위칭 레귤레이터에서 스위칭 주파수를 높이면 인덕터나 커패시터의 크기는 작아지지만, 스위칭 손실과 인덕터 손실 등 전력 손실이 증가하게 되는 점과 스위칭에 의해 발생하는 잡음 문제를 고려해야 한다.

6-2 스위칭 레귤레이터의 종류

스위칭 레귤레이터에서는 전압을 변동시키거나 복수의 출력을 얻기 위하여 변압기를 사용할 수도 있다. 특히 상용 교류를 정류하여 입력으로 사용하는 경우에는 안전성을 위하여 입력 회로와 출력 회로의 접지를 분리하기 위하여 변압기를 사용하기도 한다. 변압기의 사용 여부에 따라 격리형과 비격리형으로 나눌 수 있다. 또한 스위칭 손실을 줄이고 스위칭 소자에 가해지는 스트레스를 감소시키기 위하여 공진을 사용할 수도 있으며, 공진의 사용 여부에 따라 공진형과 비공진형으로 나눌 수 있다. DC-DC 컨버터는 입출력변환 비의 크기 및 회로 구성에 따라 많은 종류의 컨버터로 분류된다. 격리형으로서는 벅 방식, 부스트 방식, 벅-부스트 방식, SEPIC, Cuk 방식 등이 있고, 비격리형으로서는 Flyback 방식, Forward 방식, Full-bridge 방식, Half-bridge 등이 있다.

6.2.1 비격리형(Non-isolation Type)

6.2.1.1 벅(Buck, Step-down) 컨버터

그림 6.3과 같은 벅 컨버터에서 스위치가 닫히면 입력으로부터 전류가 L을 통하여 출력(부하와 커패시터)으로 흐름과 동시에 L에 흐르는 전류가 증가하면서 에너지가 축적되고, 스위치가 열리면 L에 저장된 에너지가 환류 다이오드를 통하여 출력으로 공급된다. 벅 방식은 출력 전압이 입력 전압보다 낮게 되어 강압형 컨버터라고 한다.

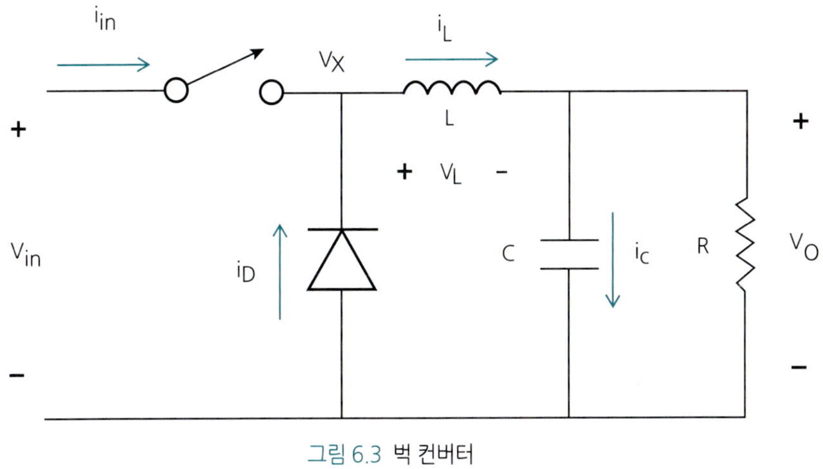

그림 6.3 벅 컨버터

6.2.1.2 부스트(boost, step-up) 컨버터

그림 6.4와 같은 부스트 컨버터에서는 스위치가 닫힐 때 인덕터 전류가 증가하면서 L에 에너지가 축적되고, 다음에 스위치가 열리면 L에 흐르는 전류가 감소하면서 인덕터 전압의 극성이 뒤집혀서 입력 전압과 더해진 전압이 환류 다이오드 D를 통하여 출력으로 걸리게 된다. 따라서 스위치가 닫힐 때 L에 저장되었던 에너지가 스위치가 열릴 때 출력에 공급되며, 출력 전압이 항상 입력 전압보다 높아서 승압형 컨버터라고 한다.

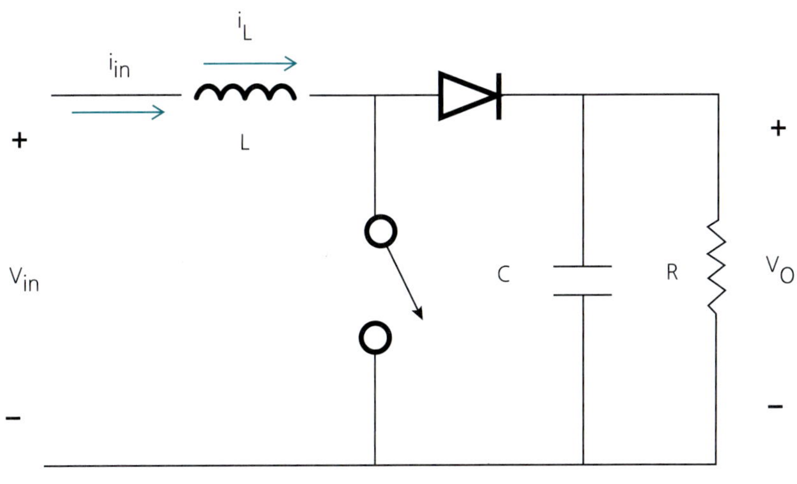

그림 6.4 부스트 컨버터

6.2.1.3 벅-부스트(buck-boost, step-up/down) 컨버터

그림 6.5와 같은 벅-부스트 컨버터에서는 스위치가 닫힐 때 인덕터 전류가 증가하면서 L에 에너지가 축적되고, 다음에 스위치가 열리면 L에 흐르는 전류가 감소하면서 전압의

극성이 뒤집혀서 환류 다이오드 D를 on시켜 출력으로 걸리게 된다. 따라서 스위치가 닫힐 때 L에 저장되었던 에너지가 스위치가 열릴 때 출력에 공급되며, 출력 전압의 극성이 반전된다. 출력 전압은 스위치의 듀티에 따라 입력 전압보다 높거나 낮게 될 수 있는 승강압형의 특성과 출력의 극성이 입력과 반전되는 특징을 갖고 있어 극성 역전형 승강압형 컨버터라고 한다.

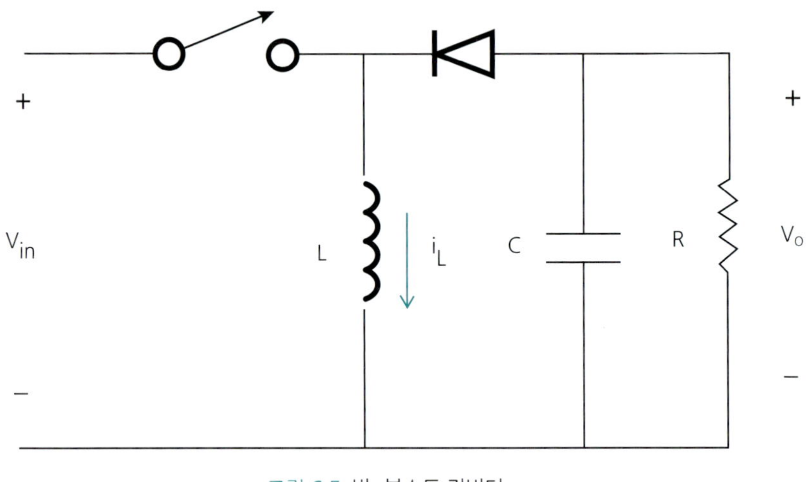

그림 6.5 벅-부스트 컨버터

앞에서 기술한 세 가지의 기본적인 스위칭 레귤레이터, 즉 벅, 부스트, 벅-부스트 컨버터는 그림 6.6에 있는 컨버터 공통 기반 회로에 인덕터 블록, 즉 인덕터를 single-pole double-throw 스위치에 연결하여 구성한 3노드 블록을 공통 기반 회로에 어떻게 연결하느냐에 따라 결정된다. 그림 6.7에 있는 인덕터 블록이 (a) 형태이면 벅 컨버터, (b) 형태이면 부스트 컨버터, (c) 형태이면 벅-부스트 컨버터가 됨을 알 수 있다. 인덕터를 single-pole double-throw 스위치에 연결할 때 인덕터 전류의 연속성을 위하여 스위칭에 의하여 인덕터가 개방되지 않도록(스위칭이 순간 이동으로 이루어져 스위치가 개방되는 시간이 없다고 가정) 인덕터를 pole에 연결하고 다른 2노드를 접점에 연결한다. 실제 컨버터에서는 single-pole double-throw 스위치 대신에 single-pole single-throw 스위치와 환류 다이오드가 인덕터 전류의 연속성을 보장한다. 벅, 부스트, 벅-부스트 컨버터의 공통점은 스위치가 닫힐 때 전원이 스위치를 통하여 인덕터에 연결되어, 인덕터에 흐르는 전류가 증가하여 에너지 저장이 이루어졌다가 스위치가 열릴 때 저장된 에너지가 부하로 공급된다는 점이다.

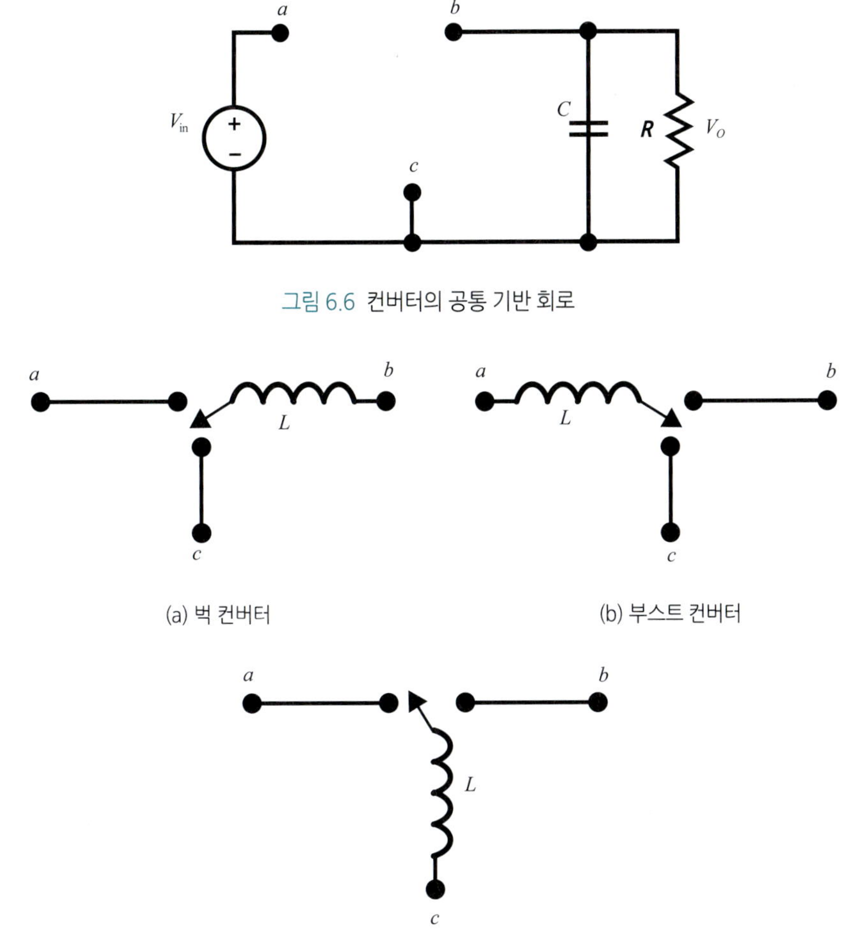

그림 6.6 컨버터의 공통 기반 회로

(a) 벅 컨버터

(b) 부스트 컨버터

(c) 벅-부스트 컨버터

그림 6.7 인덕터 블록의 형태에 따른 컨버터 구조

6.2.1.4 SEPIC

SEPIC(Single-Ended Primary Inductor Converter)는 그림 6.8과 같이 부스트 컨버터에 결합 커패시터 C1을 거쳐 벅-부스트 컨버터를 연결한 것으로 볼 수 있어서, 벅-부스트 특성과 비슷하지만 출력의 극성이 반전되지 않으며, 커패시터를 통한 결합이기 때문에 부하가 단락되었을 때 문제가 완화되는 장점이 있다.

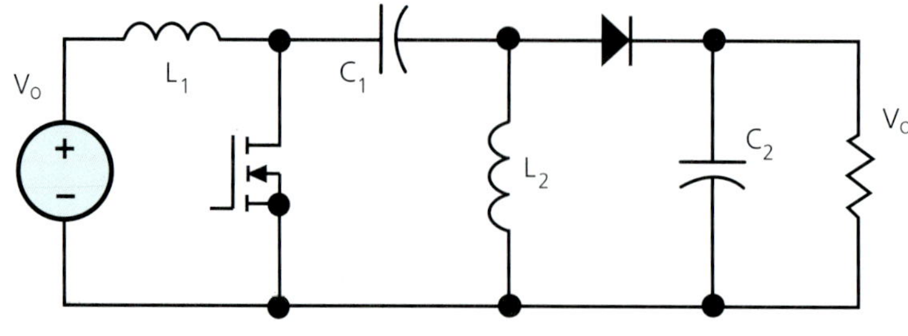

그림 6.8 SEPIC 회로도

동작 원리를 간단히 설명하면 스위치가 켜졌을 때에는 그림 6.9에서 보는 바와 같이 두 인덕터에 흐르는 전류가 모두 증가하여 인덕터에 에너지를 저장한다.

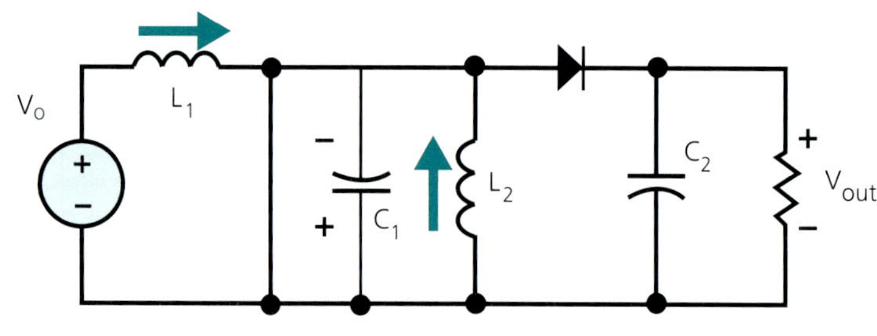

그림 6.9 스위치가 켜졌을 때의 SEPIC

스위치가 꺼지면 그림 6.10과 같이 두 인덕터의 전류가 결합 커패시터 C1과 부하 및 출력 커패시터에 전류를 공급한다. SEPIC은 입력 전류가 연속적으로 흐르기 때문에 전지로부터 동작할 때 유리하다. 또한 두 인덕터를 같은 코어에 감아 결합시키면 부피와 가격을 줄일 수 있을 뿐 아니라, 같은 리플 전류를 얻는데 필요한 인덕턴스값을 절반으로 줄일 수 있다.

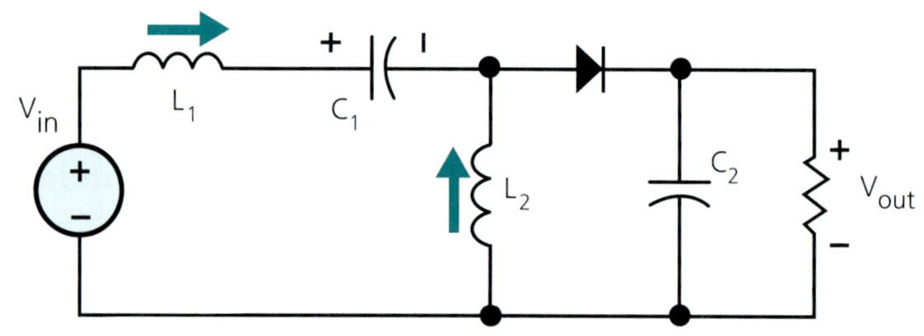

그림 6.10 스위치가 꺼졌을 때의 SEPIC

6.2.1.5 CUK 컨버터

Cuk 컨버터는 캘리포니아 공대 Cuk 교수가 개발한 컨버터로서 그림 6.11에서 보는 바와 같이 SEPIC과 비슷하게 입력은 부스트 컨버터이지만, 출력 부분에서는 인덕터와 다이오드의 위치가 서로 바뀌는 구조이다.

스위치가 켜지면 그림 6.12와 같이 연결되어 입력 전원은 인덕터 L1에 흐르는 전류를 증가시켜 에너지를 저장하고, 결합 커패시터 C_1은 인덕터 L_2와 부하 및 출력 커패시터에 에너지를 공급한다. 스위치가 꺼지면 그림 6.13과 같이 회로가 구성되어 입력 전원은 인덕터 L_1과 결합 커패시터 C_1에 에너지를 저장하고, 인덕터 L_2는 저장되었던 에너지를 부하에 공급한다. Cuk 컨버터는 출력 전압 극성이 입력을 반전시키며, SEPIC에서와 마찬가지로 두 인덕터를 같은 코어에 감아 부피를 줄이고 리플 성능을 개선할 수 있다.

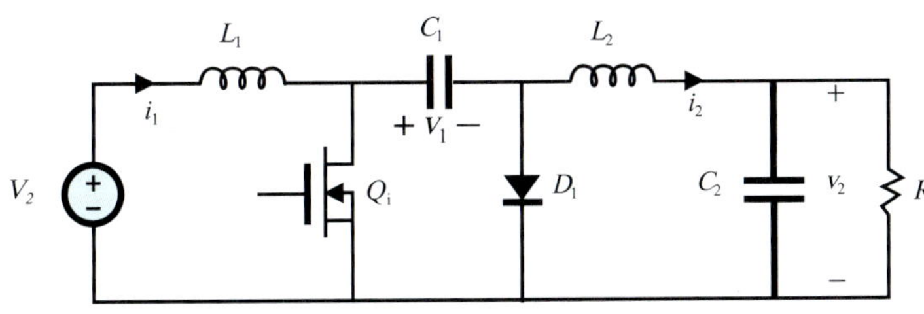

그림 6.11 Cuk 컨버터

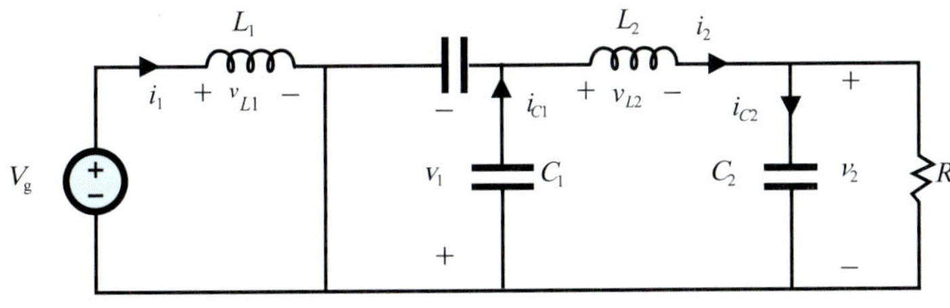

그림 6.12 스위치가 켜졌을 때의 Cuk 컨버터

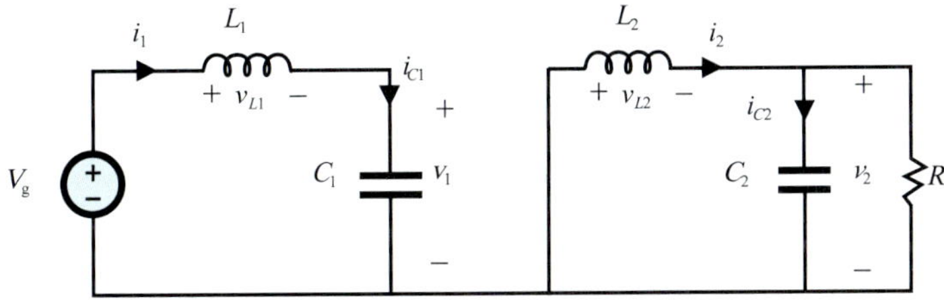

그림 6.13 스위치가 꺼졌을 때의 Cuk 컨버터

6.2.2 격리형(Isolation Type)

스위칭 레귤레이터의 응용에 있어서 많은 경우에 고전압 또는 누설 전류로 인한 사고 위험으로부터 사용자를 보호하기 위하여 입력과 출력 사이에 전기적 격리가 요구된다. 이

때 격리를 위하여 주로 고주파 변압기가 이용되며, 고주파 변압기는 격리의 목적 외에 1, 2차 권선비에 의해 출력 전압의 크기를 조절하는 역할도 할 수 있다. 격리형은 고주파 변압기가 삽입되어 있다는 점을 제외하고는 비격리형과 기본 특성은 같다.

6.2.2.1 Flyback 컨버터

그림 6.14에 보인 flyback 컨버터에서는 스위치가 닫히면 변압기의 2차 권선에는 1차와 반대 극성의 전압이 유도되므로, 다이오드가 역바이어스되어 차단되므로, 2차 권선에는 전류가 흐르지 않고 1차 권선으로만 전류가 흘러 자화 인덕턴스에 의해 에너지가 축적된다. 다음 스위치가 열리면 2차 권선에는 이전 상태와 반대 극성의 전압이 유도되어 다이오드를 도통시킴으로써 변압기의 자화 인덕턴스에 축적된 에너지를 부하에 공급한다. Flyback 방식은 50 W 이하의 낮은 출력에 적용하기에 적합하며, 회로가 간단하고 경제적인 반면 출력 커패시턴스의 리플 전류가 크다.

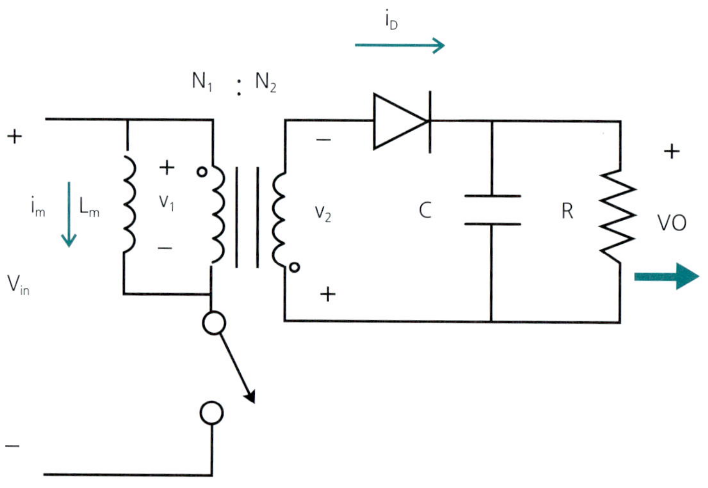

그림 6.14 Flyback 컨버터

Flyback 컨버터는 벅-부스트 컨버터와 동작이 유사하다. 그림 6.15(a)의 벅-부스트 컨버터에서 인덕터를 변압기로 대치하면 그림 6.15(b)를 얻을 수 있다. 그림 6.15(b)에서 변압기의 1차 권선과 스위치의 위치를 바꾸면 그림 6.15(c)가 되며, 2차 권선의 극성과 다이오드 극성을 동시에 바꾸면 그림 6.15(d)가 되어 flyback 컨버터를 얻을 수 있다.

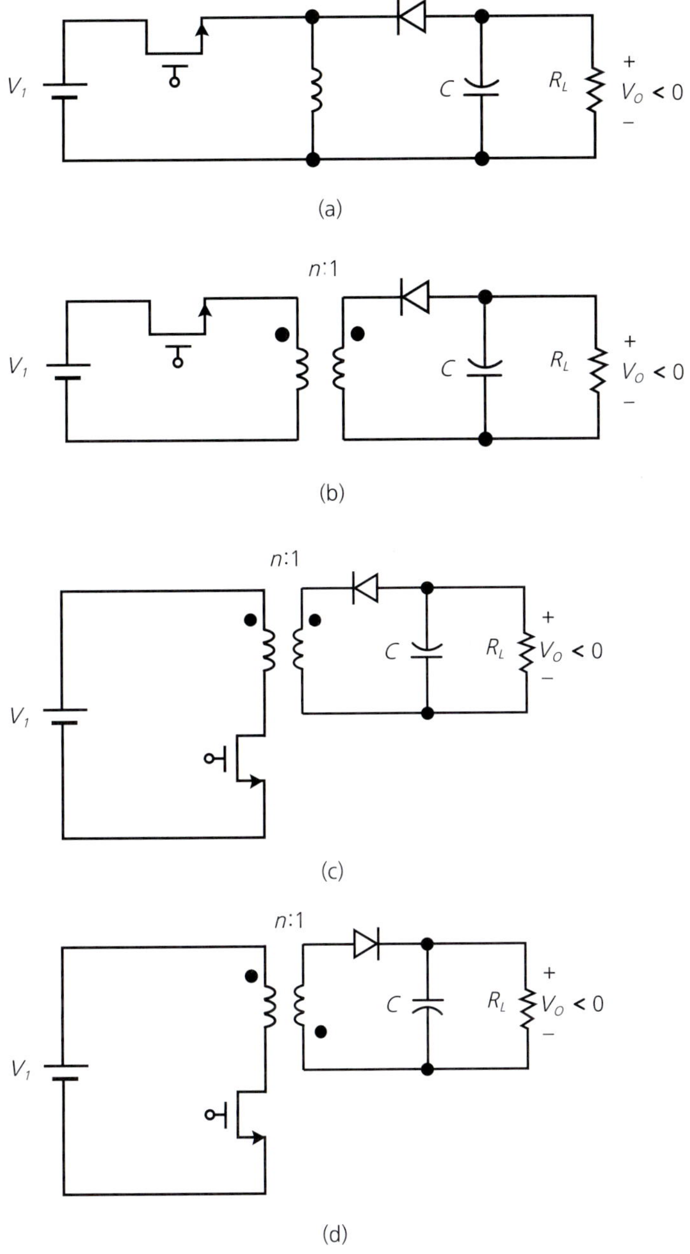

그림 6.15 벅-부스트 컨버터에서 flyback 컨버터로의 변환 과정

6.2.2.2 포워드 컨버터

포워드 컨버터는 출력 용량이 500 W급 정도까지의 중전력용으로 많이 응용되고 있으며, 벅 컨버터와 기본 동작이 유사하다. 그림 6.3의 벅 컨버터에서 스위치 뒤에 변압기를 삽입하면 그림 6.16의 회로가 된다.

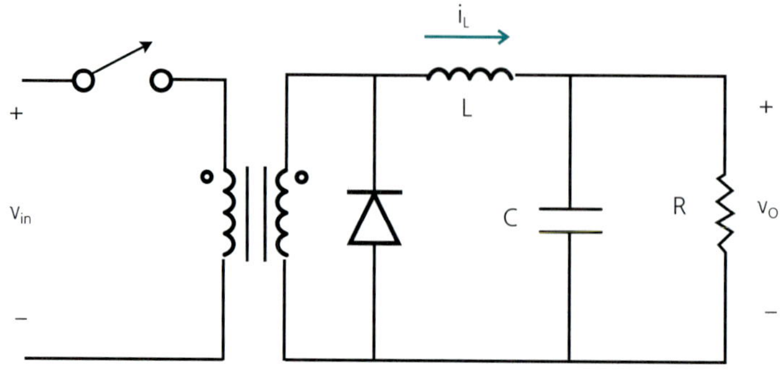

그림 6.16 벅 컨버터에서 포워드 컨버터로 1차 변환 과정

그림 6.16의 회로에서 스위치가 열린 상태에서 인덕터에 흐르는 전류가 0이 되는 경우, 즉 DCM(Discontinuous Conduction Mode) 동작의 경우에 커패시터 전류가 변압기 2차 권선에 의해 단락되는 것을 막기 위해 다이오드를 삽입하면 그림 6.17과 같은 포워드 컨버터를 얻을 수 있다.

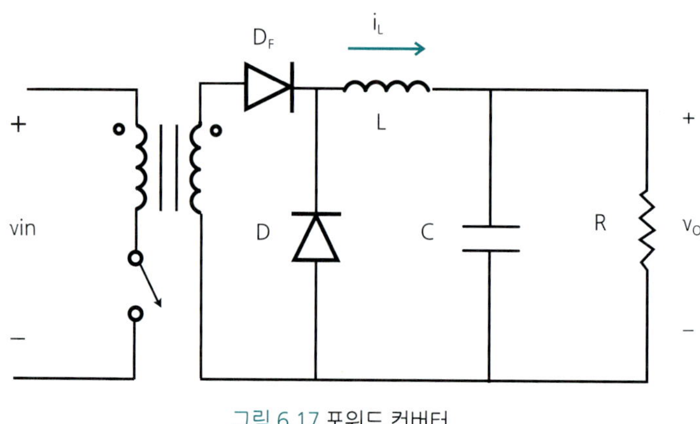

그림 6.17 포워드 컨버터

포워드 컨버터는 안정성이 뛰어난 특징을 가지고 있어서 고신뢰성이 요구되는 통신용 전원에 폭넓게 이용되고 있다. 동작 원리는 스위치가 닫히면 D_F는 on되고, D는 off되어 입력 측으로부터 전력이 변압기를 통하여 출력측으로 전달됨과 동시에 인덕터 L에는 에너지가 축적된다. 다음에 스위치가 열리면 D_F는 차단, D는 on되면서 L에 저장되었던 에너지를 출력측으로 공급한다.

6.2.2.3 하프-브리지 컨버터(Half_Bridge Converter)

그림 6.18에 보인 하프-브리지 컨버터는 500 W-수 KW의 대용량에 많이 응용되며, 동

작 원리는 다음과 같다. 스위치 T_1이 닫히면 입력 전류는 T_1과 변압기 1차 권선을 통하여 흐름과 동시에 전력이 2차측으로 전달되고, 다이오드 D_1을 on시켜 인덕터 L을 통하여 출력 측으로 전달되게 된다. 이때 L에는 에너지가 축적되며 다음에 스위치 T_1, T_2 모두가 차단되면 L에 축전된 에너지는 다이오드 D_1과 D_2를 환류 경로로 하여 출력측으로 전달되며, 변압기의 전압은 “0”이 된다. 스위치 T_2가 닫히면 D_2를 on 시켜 L을 통하여 출력 측으로 흐르게 된다. 이때 L에는 다시 에너지가 축척되며 다음 스위치 Q_1과 Q_2가 모두 치단되면 L에 축적된 에너지는 D_1과 D_2를 환류 경로로 하여 출력 측으로 방출되며, 변압기의 전압은 “0”이 된다. 이 과정을 한 주기로 하여 반복한다.

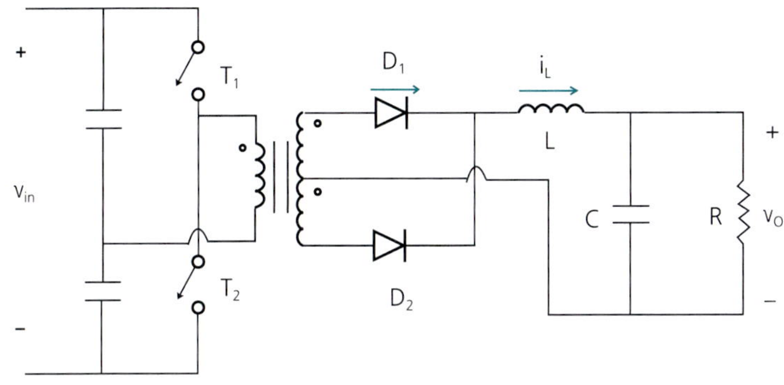

그림 6.18 하프-브리지 컨버터

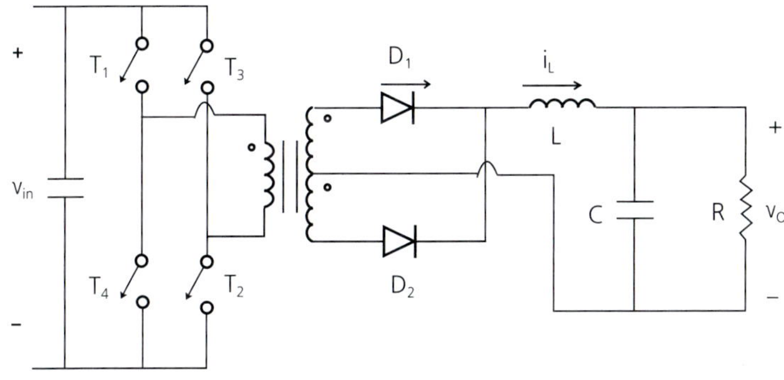

그림 6.19 풀-브리지 컨버터

6.2.2.4 풀-브리지 컨버터 (Full-Bridge Converter)

그림 6.19에 보인 풀-브리지 방식은 하프-브리지 방식에 스위치 2개를 더 추가한 형태로, 4개의 스위치를 사용함으로써 한 쌍의 스위치(T_1 , T_2 또는 T_3 , T_4)가 교대로 on 과 off를 반복하면서 하프-브리지 방식과 동일하게 동작하고, 구동회로가 매우 복잡하며 수 KW 이상의 대용량에 응용된다.

6.2.3 공진형 컨버터

컨버터의 고용량 소형화를 실현하는데 있어서 가장 효과적인 방법은 스위칭 주파수를 증가시켜서 L, C, 변압기와 같은 수동 소자들의 크기를 소형화하는 것이다. 컨버터는 스위칭 기반 동작이므로 원리적으로는 무손실이지만 스위치의 비이상적 특성에 의하여 스위칭 손실이 발생하며, 스위칭 주파수에 비례하여 증가한다. 또한 변압기와 인덕터 등도 비이상적 특성 때문에 스위칭 주파수에 비례하여 손실이 발생하게 된다.

스위칭 주파수를 높이면 자기소자와 평활 커패시터의 크기가 감소하여 컨버터의 소형화에 기여한다. 그러나 손실의 증가에 의한 온도 상승은 신뢰성의 저하를 초래하게 된다. 따라서 스위칭 주파수를 증가시키기 위해서는 스위칭 손실을 감소시킬 필요가 있으며, 이를 위해서는 고속의 스위칭 소자가 필요하다. 그러나 고속 스위칭은 주위의 전자기기에 방해를 줄 뿐만 아니라 컨버터 자체의 신뢰성도 현저히 저하한다. 이에 대한 대책의 하나로서 *R-C* 및 스너버 또는 자기 스너버 회로를 사용할 수도 있다. 또한 공진회로를 이용하여 스위치에 걸리는 전압 또는 스위치에 흐르는 전류를 정현파 형태로 만들어, 스위칭 손실을 감소시킴과 동시에 방해 전자파의 발생을 억제할 수 있는 공진형 컨버터에 관한 연구가 활발히 진행되고 있다.

이 방식은 고주파의 스위칭 주파수에서 스위칭 천이 시간을 늦추어 줌으로써 스위칭 손실을 이론적으로 없앨 수 있고, 잡음의 발생도 현저히 감소시킬 수 있는 방식이다. 그러나 공진형 컨버터는 스위치의 전압 혹은 전류 스트레스가 크며, 모델링이 복잡해 제어가 복잡하다는 단점이 있다. 또한 공진형 컨버터는 스위칭 손실을 상당히 줄일 수 있으나, 전류 혹은 전압에 대한 스트레스의 증가로 인해 전도 손실(conduction loss)이 증가한다.

소프트 스위칭 기법의 구현은 스위칭 손실을 영으로 하는 주체에 따라서 영 전압 스위칭(ZVS) 컨버터, 영 전류 스위칭(ZCS) 컨버터, 영 전압/영 전류 스위칭(ZVZCS) 컨버터로 분류된다. 스위칭 과도구간에서 소프트 스위칭하는 기법에 따라서 영 전압 천이 스위칭(ZVT) 컨버터, 영 전류 천이 스위칭(ZCT) 컨버터, 영 전압/영 전류 천이 스위칭(ZVZCT) 컨버터로 분류할 수 있다.

일반적으로 영 전압 스위칭 방식의 경우 턴 온 손실이 줄어드는 장점이 있어 턴 온 손실이 큰 MOSFET와 같은 다수캐리어 반도체 소자에 적합한 반면에, 영 전류 스위칭 방식의 경우 턴 오프 손실이 줄어드는 특징이 있어 꼬리전류(tail current)가 있는 IGBT와 같은 소수캐리어 반도체 소자에 적합하다. 영 전압 · 영 전류 스위칭 방식은 영 전압과 영 전류 방식을 혼합하여 사용하는 방식으로, 풀-브리지와 같은 대전력 장치에 주로 응용되고 있다. 영 전압 천이 스위칭과 영 전류 천이 스위칭은 주 스위치 턴 온 또는 턴 오프 시 보조 스위치를 함께 동작시켜 경부하 시에서도 영 전압 및 영 전류 스위칭이 가능하게 함으로써 모든 부하 범위에서 효율을 높일 수 있다.

그림 6.20은 종래의 PWM 컨버터의 스위칭 파형을 나타낸다. 구형파에 가까운 하드 스위칭을 함으로써 on에서 off, off에서 on으로 천이되는 구간에서 많은 스위칭 손실이 나타나므로 고주파 동작에 적합하지 않다.

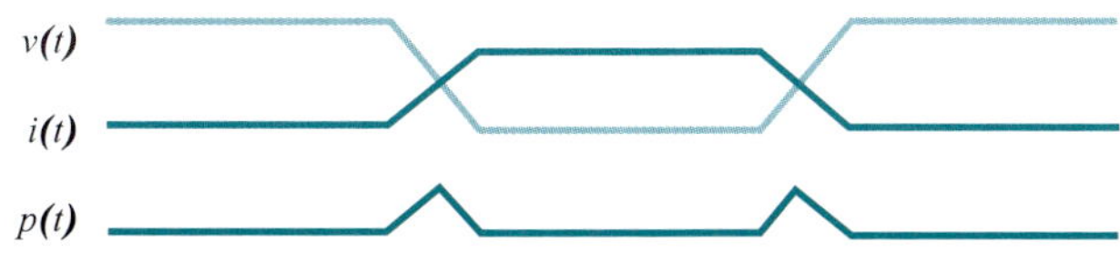

그림 6.20 하드 스위칭 컨버터의 전압, 전류 및 손실

하드 스위칭으로 동작하는 일반 컨버터는 회로의 구성이 매우 간단하다는 장점이 있지만, 스위치의 턴 온과 턴 오프 시에 스위칭 손실이 발생함으로써 주파수의 증가에 따른 손실이 커진다. 이러한 문제점을 해결하기 위하여 전압공진 또는 전류공진을 시키는 공진형 컨버터를 사용할 수 있다.

그림 6.21은 하드 스위칭 컨버터를 개선한 공진형 컨버터의 스위칭 파형이다. 반도체 스위치에 LC 공진소자를 추가하여 구현하는 구조로서, 전압 또는 전류를 공진시켜 줌으로써 스위칭 손실이 발생하지 않음을 알 수 있으나, 공진에 의한 전압 또는 전류의 스트레스가 매우 크다는 단점이 있다.

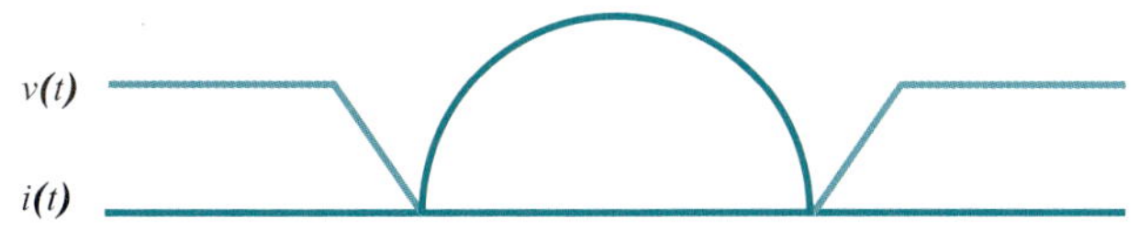

그림 6.21 공진형 컨버터의 전압 및 전류 파형

공진 스위치는 스위치 양단의 전압이 정현파 형태로 나타나는 전압 공진 스위치와 스위치에 흐르는 전류가 정현파인 전류 공진 스위치로 구분할 수 있다. 공진형 컨버터는 스

위칭 손실이 거의 0이라는 특징으로 인하여 고주파 스위칭이 가능하고, 또한 잡음의 발생도 현저히 감소시킬 수 있는 컨버터로서 소형 · 경량화에 가장 적합한 방식이다. 그러나 공진 인덕터에 저장되는 에너지가 입력 전압과 부하 전류에 크게 의존하게 되므로 설계가 까다롭다.

그림 6.22는 소프트 스위칭 컨버터의 파형을 나타낸다. 스위칭 동작 시 천이 구간 동안만 공진을 시켜 줌으로써 스위칭 손실이 0이 될 뿐만 아니라 공진형에서와 같이 공진에 의한 큰 전압 또는 전류 스트레스가 발생하지 않는 장점을 가지고 있다.

그림 6.22 소프트 스위칭 컨버터의 전압과 전류 파형

천이 구간을 제외한 구간의 동작은 PWM 컨버터의 동작과 동일하므로, PWM 컨버터의 제어방법을 그대로 사용할 수 있다는 것도 장점이다. 소프트 스위칭 방식에 의한 컨버터 구성은 크게 전력 변환 부분인 소프트 스위칭 부분과 제어회로 부분으로 구성되며, 제어회로는 기존의 PWM 제어회로와 동일하다. 소프트 스위칭 동작은 스위칭 시 0이 되는 파형에 따라 영 전압 스위칭과 영 전류 스위칭으로 나눌 수 있다.

6-3 스위칭 레귤레이터의 용어

다음은 스위칭 레귤레이터에서 주로 사용하는 용어에 대한 설명이다.

1) 입력 전압 범위(input voltage range)

성능을 보장할 수 있는 입력 전압의 범위이다.

2) 효율(efficiency)

출력 전력의 입력 전력에 대한 비로서 (출력전력/입력전력)*100(%)로 표시한다.

3) 돌입 전류(inrush current)

전원에 입력전압을 인가하는 순간에 흐르는 전류의 최대치이다.

4) 정격 출력 전압(output voltage)

출력단에서 나오는 직류 전압의 공칭값이다.

5) 정격 출력 전류(output current)

전원에서 부하로 연속적으로 공급할 수 있는 전류치이다.

6) 입력 레귤레이션(line regulation)

입력 전압을 규격 범위 내에서 변화시켰을 때 출력 전압의 최대 변동값이다.

7) 부하 레귤레이션(load regulation)

출력 전류를 규격 범위 내에서 변화시켰을 때 출력 전압의 최대 변동값이다.

8) 리플(ripple)

출력 전압에 중첩되는 입력 주파수 또는 스위칭 주파수와 동기된 성분으로 첨두-첨두값으로 표시한다.

9) 주변 온도 변동(temperature drift)

주변 온도 범위 내에서의 출력 전압의 변동값이다.

10) 상승 시간(rise time)

입력을 인가한 후 출력 전압이 90%에 도달할 때까지의 시간을 나타낸다.

11) 유지 시간(holding time)

입력을 차단한 후 출력 전압이 규정된 전압 범위를 유지하여 순간적인 정전에도 안정된 출력 전압을 공급할 수 있는 시간이다.

12) 과전류 보호(OCP: Over Current Protection)

출력 전류가 규격 이상으로 흐르지 않도록 하여 전원 또는 부하를 보호하는 기능으로 과전류 상태를 해소하면 출력 전압은 원상태로 자동복귀한다.

13) 과전압 보호(OVP: Over Voltage Protection)

부하에 과전압이 인가되지 않도록 규격 이상의 전압을 출력하지 않게 하는 보호기능으로 보호회로가 동작하면 전원은 차단되며, 입력을 차단하고 수분 동안 방치 후 입력을 재연결하면 출력 전압은 원상태로 복귀한다.

6-4 스위칭 레귤레이터의 기본 법칙

스위칭 레귤레이터에서는 스위치가 주기적으로 개폐되어 충분한 시간이 경과하면 주기적 정상 상태(periodic steady-state)에 도달하게 된다. 주기적 정상 상태에서는 회로의 전압과 전류 등 모든 변수가 주기성을 가지게 된다.

인덕터의 경우에는 전압과 전류 관계가 식 (6.2)와 같다.

$$v_L = L\frac{di_L}{dt} \tag{6.2}$$

식 (6.2)로부터 미소 전류를 구한 다음, 식 (6.3)과 같이 한 주기 동안 적분하면 식 (6.4)를 얻는다.

$$\int_{t_0}^{t_0+T} di_L = \frac{1}{L}\int_{t_0}^{t_0+T} v_L dt \tag{6.3}$$

$$i_L(t_0+T) - i_L(t_0) = \frac{1}{L}\int_{t_0}^{t_0+T} v_L dt \tag{6.4}$$

식 (6.4)의 좌변이 주기적 정상 상태에서는 0이므로 식 (6.5)를 얻는다.

$$\frac{1}{L}\int_{t_0}^{t_0+T} v_L dt = 0 \tag{6.5}$$

식 (6.5)는 컨버터가 주기적 정상 상태에서 동작하는 경우에 인덕터에 걸리는 전압을 한 주기 동안 적분하면 0이 된다는 것을 의미하며, 이를 전압-초 균형(voltage-sec balance)이라고 한다.

주기적 정상 상태에서 커패시터의 전압과 전류에도 유사한 성질이 있다. 커패시터에 흐르는 전류는 식 (6.6)과 같이 표현할 수 있다.

$$i_C = C\frac{dv_C}{dt} \tag{6.6}$$

식 (6.6)으로부터 미소 전압을 구한 다음 식 (6.7)과 같이 한 주기 동안 적분하면 식 (6.8)을 얻는다.

$$\int_{t_0}^{t_0+T} di_L = \frac{1}{L}\int_{t_0}^{t_0+T} v_L dt \tag{6.7}$$

$$v_C(t_0+T) - v_C(t_0) = \frac{1}{C}\int_{t_0}^{t_0+T} i_C dt \tag{6.8}$$

식 (6.8)의 좌변이 주기적 정상 상태에서는 0이므로 식 (6.9)를 얻는다.

$$\frac{1}{L}\int_{t_0}^{t_0+T} i_C\, dt = 0 \tag{6.9}$$

식 (6.9)는 컨버터가 주기적 정상 상태에서 동작하는 경우에 커패시터에 흐르는 전류를 한 주기 동안 적분하면 0이 된다는 것을 의미하며, 이를 전하 균형(charge balance)이라고 한다. 전압-초 균형 법칙과 전하 균형 법칙은 주기적인 스위칭으로 동작하는 전력 전자 회로의 해석에 매우 유용하게 적용할 수 있다.

6-5 벅 컨버터 동작의 해석

스위칭 레귤레이터의 가장 기본적인 형태인 벅-컨버터를 해석해 보자. 그림 6.3에서 스위치가 닫히면 인덕터에 흐르는 전류가 증가한다. 인덕터 전류가 부하에서 요구하는 전류보다 크면, 초과 분 전류는 커패시터에 충전된다. 스위치가 열리면 인덕터에 흐르는 전류가 감소하게 되어 인덕터에 걸리는 전압이 음이 된다. 이에 따라 그림 6.3의 VX 노드 전압이 강하하여 결국 환류 다이오드가 on되며 이때 인덕터에 걸리는 전압은 극성이 뒤집어진 출력 전압이다. 인덕터 전류는 감소하지만 출력 전압이 약간 감소하면서 커패시터의 방전으로 커패시터의 전류가 음이 되면서 부하에 더해져서 부하에 흐르는 전류는 거의 일정하다.

벅 컨버터는 부하 저항값에 따라 인덕터에 흐르는 전류가 연속인 연속전도 모드(Continuous Conduction Mode, CCM)와 인덕터 전류가 0이 되는 시간 구간이 존재하는 불연속전도 모드(Discontinuous Conduction Mode, DCM) 그리고 그 경계인 경계전도 모드(Boundary Conduction Mode, BCM)로 나눌 수 있다.

부하 저항이 충분히 작으면 연속전도 모드에서 동작하며, CCM에서 주요 파형은 그림 6.23에서 보는 바와 같다. 그림 6.23은 위로부터 인덕터 전류 파형, 인덕터 전압 파형, 입력 전류 파형, 환류 다이오드 전류 파형, 커패시터 전류 파형을 나타내고 있다.

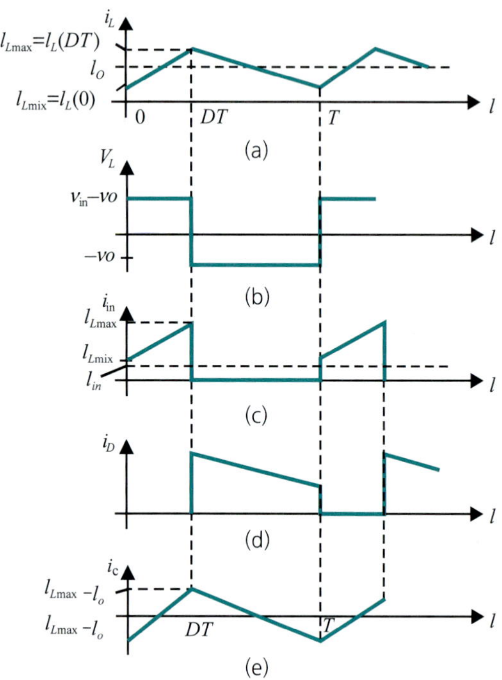

그림 6.23 CCM에서 동작하는 벅 컨버터의 주요 파형

벅 컨버터에서 스위치가 닫혀 있을 때 인덕터에 걸리는 전압은 식 (6.10)과 같다.

$$L\frac{di_L}{dt} = V_{in} - V_o \tag{6.10}$$

입력 전압과 출력 전압이 스위칭 주기 동안에 거의 변하지 않는다고 가정하면 식 (6.10)은 식 (6.11)과 같이 쓸 수 있다.

$$L\frac{di_L}{dt} = V_{in} - V_o \approx L\frac{\Delta i_L}{DT} \tag{6.11}$$

따라서 인덕터 전류 i_L의 리플 $\triangle i_L$ ($=I_{Lmax}-I_{Lmin}$)는 식 (6.12)와 같이 쓸 수 있다.

$$\triangle i_L = \frac{V_{in} - V_o}{L}DT \tag{6.12}$$

같은 방법으로 스위치가 열렸을 때 $\triangle i_L$을 구하면 식 (6.13)과 같다.

$$\triangle i_L = \frac{V_o}{L}(1 - D)T \tag{6.13}$$

식 (6.12)와 식 (6.13)의 값이 같아야 하기 때문에 $\triangle i_L$을 소거하면 식 (6.14)를 얻을 수 있다.

$$(V_{in} - V_o)D = V_o(1 - D) \tag{6.14}$$

식 (6.14)로부터 벅 컨버터의 정상상태에서의 출력 전압과 입력 전압 사이의 관계를 구하면 식 (6.15)와 같다.

$$V_o = DV_{in} \tag{6.15}$$

식 (6.15)는 인덕터에 전압-초 균형을 적용하여도 쉽게 구할 수 있다. 스위치가 닫힐 때 인덕터에 걸리는 전압은 V_{in} – V_o가 되며, 스위치가 열릴 때 인덕터에 걸리는 전압은 환류 다이오드의 전압 강하를 무시하면 –V_o가 된다. 인덕터에 전압-초 균형을 적용하면 식 (6.16)과 같다.

$$(V_{in} - V_o)DT + (-V_o)(1 - D)T = 0 \tag{6.16}$$

식 (6.16)에서 식 (6.15)를 구할 수 있으며, 도시하면 그림 6.24와 같다.

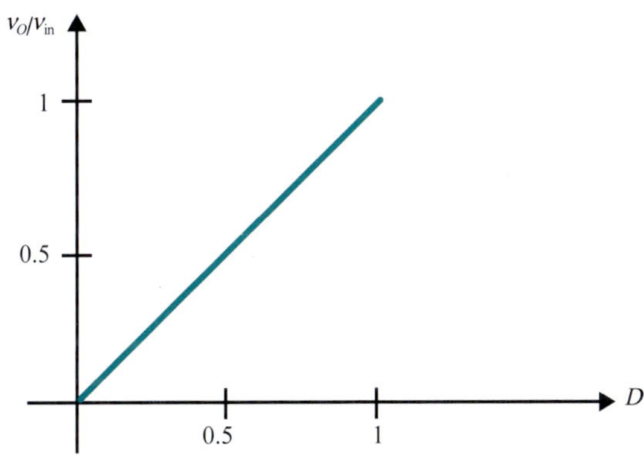

그림 6.24 벅 컨버터에서 출력 전압과 입력 전압과의 관계

출력 전압의 리플 전압은 그림 6.23(e)에서 보인 커패시터에 흐르는 전류 파형으로부터 구할 수 있다. 커패시터에 흐르는 전류가 양이면 충전이 일어나서 커패시터 전압이 증가하고, 음이면 방전이 일어나서 전압이 감소하게 된다. 따라서 리플 전압은 식 (6.17)과 같이 표현할 수 있다.

$$\Delta V_o = \frac{\int_{t_1}^{t_2} i_c(t)dt}{C} \tag{6.17}$$

여기에서 t_1은 커패시터 전류가 음에서 양으로 바뀌는 시점이고, t_2는 커패시터 전류가 양에서 음으로 바뀌는 시점이다.

식 (6.17)의 적분값은 그림 6.23(e)에서 커패시터 전류가 양인 시간 구간에 해당하는 삼각형의 면적이다. 그림 6.25에서 보는 바와 같이 이 삼각형의 밑변의 길이는 주기의 반절에 해당하고, 높이는 $I_{Lmax}-I_o$이다.

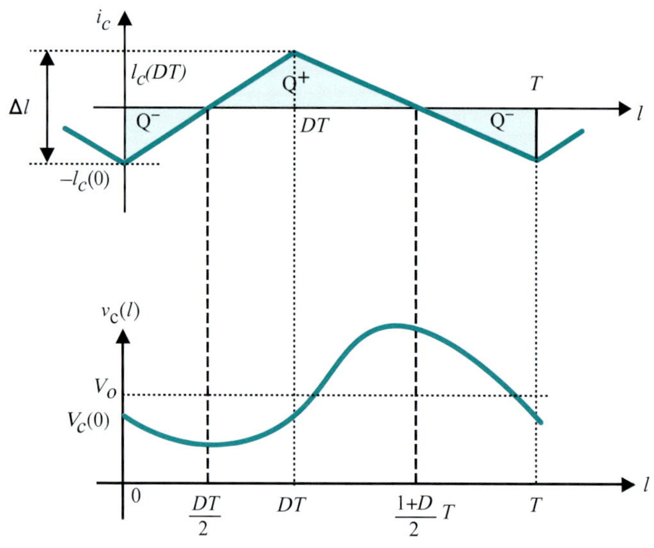

그림 6.25 커패시터 전류와 전압과의 관계

부하에 흐르는 출력 전류는 커패시터에 흐르는 평균 전류가 0이어서, 인덕터의 평균 전류와 같으므로 식 (6.18)이 성립한다.

$$I_o = \frac{I_{Lmax} + I_{Lmin}}{2} \tag{6.18}$$

식 (6.18)을 이용하여 삼각형의 높이를 다시 쓰면 식 (6.19)와 같다.

$$I_h = I_{Lmax} - \frac{I_{Lmax} + I_{Lmin}}{2} = \frac{I_{Lmax} - I_{Lmin}}{2} = \frac{\Delta i_L}{2} \tag{6.19}$$

따라서 삼각형의 면적에 해당하는 충전 전하량은 식 (6.20)과 같이 쓸 수 있다.

$$\Delta Q = \frac{1}{2}\frac{T}{2}\frac{\Delta i_L}{2} = \frac{T}{8}\frac{V_o(1-D)T}{L} \tag{6.20}$$

따라서 출력 리플 전압은 식 (6.21)과 같이 나타낼 수 있다.

$$\Delta V_o = \frac{T^2}{8}\frac{V_o(1-D)}{LC} \tag{6.21}$$

CCM에서 동작하는 벅 컨버터에서 부하 저항값을 증가시키면 부하 전류가 감소하고, 이에 따라 인덕터의 평균 전류도 감소하게 된다. DCM과 경계를 BCM이라 한다. BCM에서의 부하 전류는 식 (6.22)와 같다.

$$I_{oB} = I_{LB} = \frac{\Delta i_L}{2} = \frac{D(1-D)TV_{in}}{2L} \tag{6.22}$$

식 (6.23)에서 경계 전류는 듀티의 함수가 되고, 최댓값은 듀티가 50%일 때 식 (6.23)과 같이 쓸 수 있다.

$$I_{LB\max} = \frac{TV_{in}}{8L} \tag{6.23}$$

만약에 부하 전류가 식 (6.23)보다 작으면 그림 (6.24)와 같이 DCM으로 동작하게 된다.

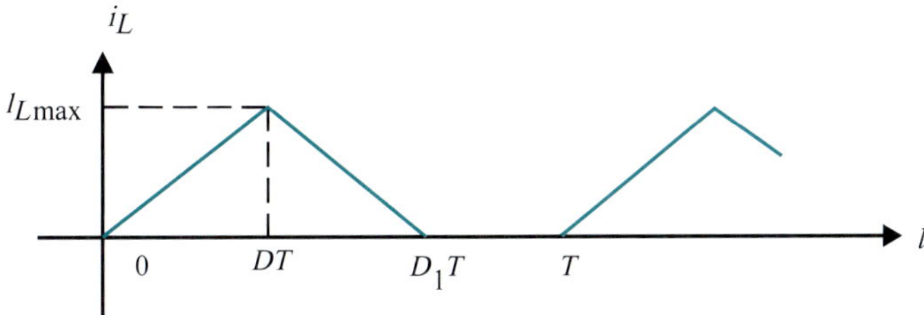

그림 6.26 DCM 동작에서 인덕터 전류 파형

먼저 입력 전압이 고정되어 있는 DCM 동작을 고려한다. 인덕터에 volt-sec 균형을 적용하면 식 (6.25)와 같다.

$$DT(V_{in} - V_o) + (D_1 - D)T(-V_o) = 0 \tag{6.24}$$

식 (6.24)를 정리하면 식 (6.25)를 얻을 수 있다.

$$V_o = \frac{D}{D_1}V_{in} \tag{6.25}$$

환류 전류가 흐르는 시간 구간에 인덕터 전압-전류 관계를 적용하면 식 (6.26)을 얻는다.

$$V_o = L\frac{I_{L\max}}{(D_1 - D)T} \tag{6.26}$$

전하 균형 법칙으로 인하여 부하의 (평균)전류는 인덕터의 평균 전류와 같으며, 인덕터의 평균 전류는 그림 6.26에서 삼각형 면적을 주기로 나누어서 식 (6.27)과 같이 나타낼 수 있다.

$$I_o = \frac{1}{2} I_{L\max} D_1 \tag{6.27}$$

따라서 입력 전압과 출력 전압 사이의 관계는 식 (6.28)과 같다.

$$\frac{V_o}{V_{in}} = \frac{D^2}{D^2 + \frac{1}{4}\frac{I_o}{I_{LB}}} \tag{6.28}$$

출력 전압이 고정되어 있는 경우에는 BCM에서 전류가 식 (6.29)와 같다.

$$I_{LB} = \frac{TV_o}{2L}(1 - D) \tag{6.29}$$

식 (6.29)에서 최대 전류 값은 식 (6.30)과 같다.

$$I_{LB\max} = \frac{TV_o}{2L} \tag{6.30}$$

이 경우에 듀티는 식 (6.31)과 같이 나타낼 수 있다.

$$D = \frac{V_o}{V_{in}} \sqrt{\frac{\frac{I_o}{I_{LB\max}}}{1 - \frac{V_o}{V_{in}}}} \tag{6.31}$$

6-6 컨버터의 소신호 모델링과 제어회로의 주파수 보상

컨버터의 제어회로는 부궤환을 사용하기 때문에 안정적으로 동작하도록 설계하기 위하여 주파수 특성 해석이 필요하다. 정확한 해석은 비선형 동작 특성을 고려해야 하기 때문에 수치 해석 기반 시뮬레이터를 사용해야 한다. 이론적인 분석을 위하여 널리 사용하고 있는 소신호 근사 방법을 살펴본다.

먼저 스위치가 켜졌을 때와 꺼졌을 때에 대하여 각각 식 (6.32)와 식 (6.33)과 같이 상태 방정식을 세울 수 있다.

$$\dot{x} = A_1 x + B_1 V_i, \text{스위치 } on \text{ 상태} \tag{6.32}$$

$$\dot{x} = A_2 x + B_2 V_i, \text{스위치 } off \text{ 상태} \tag{6.33}$$

여기에서 x는 상태 변수, V_i는 입력 전압이다.

그러면 출력 전압은 상태 변수의 함수로 식 (6.34)와 식 (6.35)와 같이 표현된다.

$$v_o = C_1 x, \text{스위치}on\text{상태} \tag{6.34}$$

$$v_o = C_2 x, \text{스위치}off\text{상태} \tag{6.35}$$

식 (6.34)와 식 (6.35)를 스위치의 duty(d)를 가중치로 결합하면 식 (6.36)과 식 (6.37)과 같이 쓸 수 있다.

$$\dot{x} = [A_1 d + A_2(1 - d)]x + [B_1 d + B_2(1 - d)]V_i \tag{6.36}$$

$$v_o = [C_1 d + C_2(1 - d)]x \tag{6.37}$$

듀티의 평균 값을 D라 하고 소신호 성분을 $\tilde{d}$라 하면 상태 방정식을 식 (6.38)과 같이 쓸 수 있다.

$$\begin{aligned} \dot{X} + \dot{x} &= (D + \tilde{d}) + A_2[1 - (D + \tilde{d})]\backslash right\}(X + \tilde{x}) \\ &+ (D + \tilde{d}) + B_2[1 - (D + \tilde{d})]\backslash right\}\, V_i \\ &= [A_1 D + A_1\tilde{d} + A_2(1 - D) - A_2\tilde{d}](X + \tilde{x}) + [B_1 D + B_1\tilde{d} + B_2(1 - D) - \tilde{B_2 d}]V_i \\ &= [A_1 D + A_2(1 - D)]X + [B_1 D + B_2(1 - D)]V_i + [(A_1 - A_2)X + (B_1 - B_2)V_i]\tilde{d} \\ &+ [A_1 D + A_2(1 - D)]\tilde{x} + (A_1 - A_2)\tilde{d}\tilde{x} \end{aligned} \tag{6.38}$$

식 (6.38)로부터 $\tilde{x}$로인하여 상태 변수 X에 발생하는 소신호 성분 $\tilde{x}$을 구할 수 있다. 그러나 마지막 항에서 $\tilde{d}$와 $\tilde{x}$의 곱 때문에 비선형 특성을 갖게 된다. 해석의 편의를 위하여 마지막 항을 무시하면 식 (6.39)를 얻게 된다.

$$\begin{aligned} \dot{X} + \dot{x} &= [A_1 D + A_2(1 - D)]X + [B_1 D + B_2(1 - D)]V_i + [(A_1 - A_2)X \\ &+ (B_1 - B_2)V_i]\tilde{d} + [A_1 D + A_2(1 - D)]\tilde{x} + (A_1 - A_2)\tilde{d}\tilde{x} \\ &= AX + BV_i + [(A_1 - A_2)X + (B_1 - B_2)V_i]\tilde{d} + A\tilde{x} \end{aligned} \tag{6.39}$$

여기에서 $A=A_1D+A_2(1-D)$, $B=B_1D+B_2(1-D)$이다.

식 (6.39)에서 동작점과 소신호 성분을 분리하면 식 (6.40)과 식 (6.41)과 같다.

$$\dot{X} = AX + BV_i = 0 \tag{6.40}$$

$$\dot{x} = A\tilde{x} + [(A_1 - A_2)X + (B_1 - B_2)V_i]\tilde{d} \tag{6.41}$$

비슷한 방법으로 출력 전압에 대한 선형화를 수행하면 식 (6.42)와 같다.

$$\begin{aligned} V_O + \tilde{v}_o &= \{C_1(D+\tilde{d}) + C_2[1-(D+\tilde{d})]\}(X+\tilde{x}) \\ &= [C_1D + C_2(1-D)]X + [(C_1-C_2)X]\tilde{d} + [C_1D + C_2(1-D)]\tilde{x} \end{aligned} \tag{6.42}$$

식 (6.42)에서 동작점과 소신호 성분을 분리하면 식 (6.43)과 식 (6.44)와 같다.

$$V_O = CX \tag{6.43}$$

$$\tilde{v}_O = C\tilde{x} + [(C_1 - C_2)X]\tilde{d} \tag{6.44}$$

여기에서 $C=C_1D+C_2(1-D)$이다.

식 (6.40)에서 상태 변수 x를 구할 수 있으며, 식 (6.43)을 사용하여 출력 값을 구하면 식 (6.45)와 같다.

$$V_O = -CA^{-1}BV_i \tag{6.45}$$

듀티의 소신호 성분으로부터 출력 전압까지 소신호 전달함수를 구하기 위하여 식 (6.41)의 라플라스 변환을 취하면 식 (6.46)과 같다.

$$s\tilde{x} = A\tilde{x} + [(A_1 - A_2)X + (B_1 - B_2)V_i]\tilde{d} \tag{6.46}$$

식 (6.46)을 상태 변수의 소신호 성분에 대하여 풀면 식 (6.47)과 같다.

$$\tilde{x} = [sI - A]^{-1}[(A_1 - A_2)X + (B_1 - B_2)V_i]\tilde{d} \tag{6.47}$$

식 (6.47)을 식 (6.44)에 대입하면 듀티의 소신호 성분으로부터 출력전압까지 소신호 전달함수를 식 (6.48)과 같이 구할 수 있다.

$$\frac{\tilde{v}_O}{\tilde{d}} = C[sI - A]^{-1}[(A_1 - A_2)X + (B_1 - B_2)V_i] + (C_1 - C_2)X \tag{6.48}$$

예를 들어, 그림 6.27과 같은 벅 컨버터에 적용해 보자.

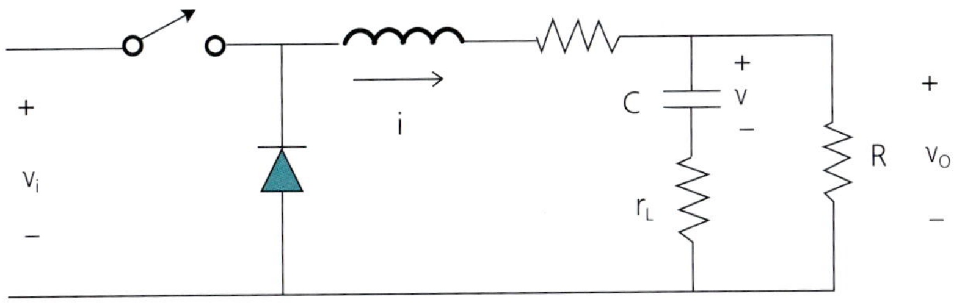

그림 6.27 벅 컨버터

스위치가 켜졌을 때 상태 방정식은 식 (6.49)와 식 (6.50)과 같다.

$$\frac{di}{dt} = -\frac{(r_C + r_L)R + r_C r_L}{L(R + r_C)}i - \frac{R}{L(R + r_C)}v + \frac{1}{L}V_i \tag{6.49}$$

$$\frac{dv}{dt} = \frac{R}{C(R + r_C)}i - \frac{1}{C(R + r_C)}v \tag{6.50}$$

스위치가 꺼졌을 때 상태 방정식은 식 (6.51)과 식 (6.52)와 같다.

$$\frac{di}{dt} = -\frac{(r_C + r_L)R + r_C r_L}{L(R + r_C)}i - \frac{R}{L(R + r_C)}v \tag{6.51}$$

$$\frac{dv}{dt} = \frac{R}{C(R + r_C)}i - \frac{1}{C(R + r_C)}v \tag{6.52}$$

따라서 $A_1 = A_2$, $B_2 = 0$이다.

출력 전압은 스위치 상태와 무관하게 식 (6.53)과 같이 표현할 수 있다.

$$v_o = Ri - RC\frac{dv}{dt} = \frac{Rr_C}{R + r_C}i + \frac{R}{R + r_C}v \tag{6.53}$$

따라서 $C_1 = C_2$이다.

여기에서 인덕터와 커패시터의 직렬 저항값이 부하 저항값보다 훨씬 작다고 가정하면 식 (6.49)와 식 (6.50)을 식 (6.54) 및 식 (6.55)와 같이 간략화시킬 수 있다.

$$\frac{di}{dt} = -\frac{r_C + r_L}{L}i - \frac{1}{L}v + \frac{V_i}{L} \tag{6.54}$$

$$\frac{dv}{dt} = \frac{1}{C}i - \frac{1}{CR}v \tag{6.55}$$

지금까지의 결과를 정리하면 다음과 같다.

$$A = A_1 = A_2 = \begin{bmatrix} -\frac{r_C + r_L}{L} & -\frac{1}{L} \\ \frac{1}{C} & -\frac{1}{RC} \end{bmatrix} \tag{6.56}$$

$$B = B_1 D = \begin{bmatrix} 1/L \\ 0 \end{bmatrix} D \qquad (6.57)$$

$$C = C_1 = C_2 \approx [r_C \, 1] \qquad (6.58)$$

A의 역행렬은 식 (6.59)와 같다.

$$A^{-1} = \frac{LC}{1 + (r_C + r_L)/R} \begin{bmatrix} -\frac{1}{RC} & \frac{1}{L} \\ -\frac{1}{C} & -\frac{r_C + r_L}{L} \end{bmatrix} \qquad (6.59)$$

식 (6.57), 식 (6.58), 식 (6.59)을 식 (6.45)에 대입하면 식 (6.60)을 얻을 수 있다.

$$\frac{V_o}{V_i} = \frac{R + r_C}{R + r_C + r_L} D \approx D \qquad (6.60)$$

소신호 듀티로부터 소신호 출력 전압까지의 전달함수는 식 (6.61)과 같이 간략화할 수 있다.

$$\frac{\tilde{v}_O}{\tilde{d}} = C[sI - A]^{-1}[(A_1 - A_2)X + (B_1 - B_2)V_i] + (C_1 - C_2)X \qquad (6.61)$$

$$\approx V_i \frac{1 + sr_C C}{LC + s[1/RC + (r_C + r_L)/L] + 1/LC\backslash right\}}$$

$$= V_i \frac{\omega_0^2}{\omega_z} \frac{s + \omega_z}{s^2 + 2\xi\omega_0 s + \omega_0^2}$$

모든 레귤레이터에서와 마찬가지로 스위칭 레귤레이터에서도 입력 전압이 변하여도 또 부하, 결국 출력 전류가 변하여도 출력 전압이 일정하도록 부궤환을 걸어준다. 즉, 입력 전압이 감소하든지 아니면 출력 전류가 증가하여 출력 전압이 기준값 이하로 떨어지면 듀티를 증가시켜 출력 전압을 기준 전압에 가까워지도록 조절한다. 이러한 부궤환은 때로는 의도되지 않은 정궤환을 일으킬 수 있다. 왜냐하면 주파수에 따라 위상이 변하기 때문에 전체 주파수 영역에 대하여 부궤환이 걸리는지 살펴보지 않으면 불안정한 상태에 빠져 동작 불능 상태가 될 수 있다.

만약에 주파수가 증가함에 따라 위상 지연이 증가하여 정궤환으로 바뀌는 경우에 이득의 크기가 1에 가까운 경우에는 주파수 보상을 해주어야 한다.

주파수 보상 방법으로는 극점(pole)을 낮은 주파수로 이동하여 이득을 줄여주거나, 위상 지연을 상쇄시키기 위하여 영점(zero)을 삽입하는 방법을 사용하기도 한다.

또한 스위칭 레귤레이터에서는 전압 모드 제어뿐만 아니라 인덕터 전류를 감지하여 전압 모드와 결합하여 듀티를 제어하는 전류 모드 제어 방식도 널리 사용된다. 전류 모드의 장점으로는 인덕터 전류의 기울기가 입력 전압의 함수이기 때문에 인덕터 전류를 감지하면 입력 전압의 변화를 직접 감지할 수 있다는 점과 전류를 제어 변수로 잡으면 인덕터의 영향이 최소화되어 주파수 보상이 용이해진다는 점이 있다.

참고 문헌

[6.1] Mohan, Undeland, and Robbins, Power Electronics: Converters, Applications, and Design, 3rd ed. Wiley

[6.2] Ray Ridley, "Analyzing the Sepic Converter", Power Systems Design Europe, Nov. 2006.

[6.3] Robert Mammano, "Switching Power Supply Topology, Voltage Mode vs. Current Mode", Unitrode design note DN-62

제 7 장

역률 교정 회로

7-1 역률의 정의
7-2 역률교정회로
7-3 PFC 전원 구조

7-1 역률의 정의

5장에서 논의한 바와 같이 LED 구동회로가 상용 교류 전원으로부터 전력을 공급받는 경우 교류를 직류로 변환하기 위하여 보통 전파 정류회로에 커패시터를 달아 사용하면 충전 전류 파형이 펄스 형태로 나타나기 때문에 고조파 성분이 발생하여 역률을 저하시킨다. 현재 IEC 61000-3-2에서 고조파에 대한 규제가 명시되어 있으며, LED 조명의 경우에는 표 7.1에 나와 있는 Class C를 충족해야 한다. 표 7.1은 입력 전력이 25 W 이상인 경우에 적용되며, 25 W 이하인 경우에는 제3고조파의 진폭이 기본파의 86%보다 작아야 하고, 제5고조파는 기본파의 61%보다 작아야 한다.

표 7.1 IEC 61000-3-2: 입력 전력이 25W 이상

고조파 차수	기본파 전류의 백분율로서 최대 허용 고조파 전류 (%)	최대 허용 고조파 전류/전력 (mA/W)
2	2	
3	30 × λ	3.4
5	10	1.9
7	7	1.0
9	5	0.5
11	3	0.35
13	3	3.85/13
15 =< n(홀수) <=39	3	3.85/n

여기에서 λ는 역률임

IEC 61000-3-2 규정은 역률 대신에 고조파를 규제하고 있으나, 제3고조파에 대한 규정이 역률에 연계되어 있어서 미국의 에너지 스타 프로그램에서는 최솟값을 요구하고 있다.

역률은 실제 공급되는 전력의 피상 전력에 대한 비로서 정의되며 수식적으로는 식 (7.1)과 같다.

$$PF = \frac{P(W)}{S(VA)} = \frac{P_{avg}}{V_s I_s} = \frac{\frac{1}{T}\int_0^T v(t)i(t)dt}{\sqrt{\frac{1}{T}\int_0^T v^2(t)dt}\sqrt{\frac{1}{T}\int_0^T i^2(t)dt}} \tag{7.1}$$

여기에서 V_{rms}, I_{rms}는 각각 전압과 전류의 실효치이다.

만약에 찌그러짐이 없어서 전압과 전류가 모두 정현파이면 식 (7.1)은 식 (7.2)와 같이 표현되며, 이 경우 전압과 전류의 위상 차이 때문에 역률이 1보다 작기 때문에 흔히 변위(displacement) 역률이라 한다.

$$PF = \cos(\phi) \tag{7.2}$$

만약에 전압과 전류가 위상이 일치한다면 변위 역률은 1이 되고, 역률은 전류의 찌그러짐에 의하여 발생하기 때문에 역률은 식 (7.3)과 같이 나타낼 수 있다.

$$DF = \frac{I_1}{I_s} \tag{7.3}$$

여기에서 I_1은 기본파 전류이다.

흔히 사용되는 전체 전류 왜곡률을 사용하여 식 (7.3)을 식 (7.4)와 같이 표현할 수 있다.

$$DF = \frac{1}{\sqrt{1 + THD_I^2}} \tag{7.4}$$

여기에서 전체 전류 왜곡률은 IEC 61000-3-2 규정에 의하여 식 (7.5)와 같이 정의되어 있다.

$$THD_I = \frac{\sqrt{\sum_{n=2}^{40} I_n^2}}{I_1} \tag{7.5}$$

따라서 기본파 전압과 전류 사이의 위상 차이와 전류의 왜곡을 함께 고려하면 식 (7.6)과 같이 쓸 수 있다.

$$PF = \frac{\cos(\phi)}{\sqrt{1 + THD_I^2}} \tag{7.6}$$

7-2 역률교정회로

역률교정회로 없이 커패시터 필터를 사용하는 전파 정류회로와 그 파형을 각각 그림 7.1과 그림 7.2에서 볼 수 있다. 이 경우 약간의 위상 차이도 발생하지만, 고조파가 많이 발생하는 것을 볼 수 있다. 따라서 IEC 61000-3-2 규정을 충족하기 위해서는 역률교정회로(PFC, Power Factor Corrector)가 필요하다.

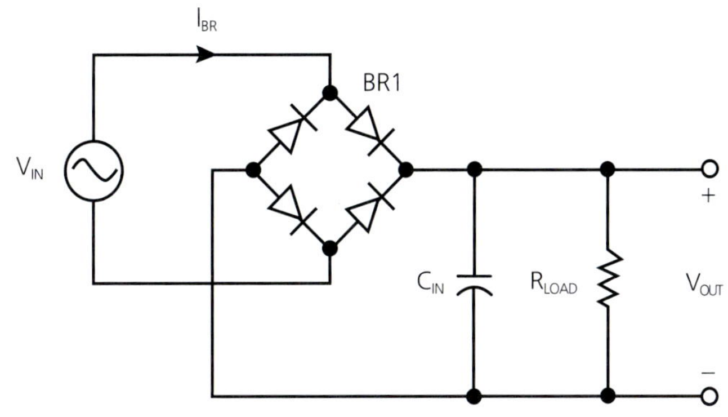

그림 7.1 커패시터 필터를 사용하는 전파 정류회로

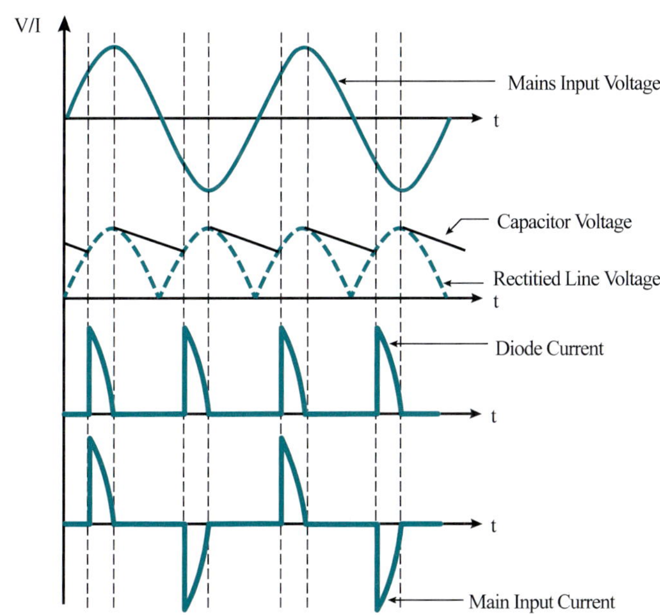

그림 7.2 커패시터 필터를 사용하는 전파 정류회로에서의 주요 파형

7.2.1 수동 방식

수동 방식은 인덕터, 커패시터 또는 저항과 같은 수동 소자와 제어되지 않는 다이오드를 이용하여 역률을 교정하는 기법이다. 역률 개선 효과가 제한적이긴 하지만 가장 간단한 수동 방식으로는 그림 7.3처럼 정류기 앞에 인덕터를 삽입하여 그림 7.4에서 보는 바와 같이 전류가 흐르는 시간 구간을 그림 7.2에 비하여 연장시키는 방법이 있다.

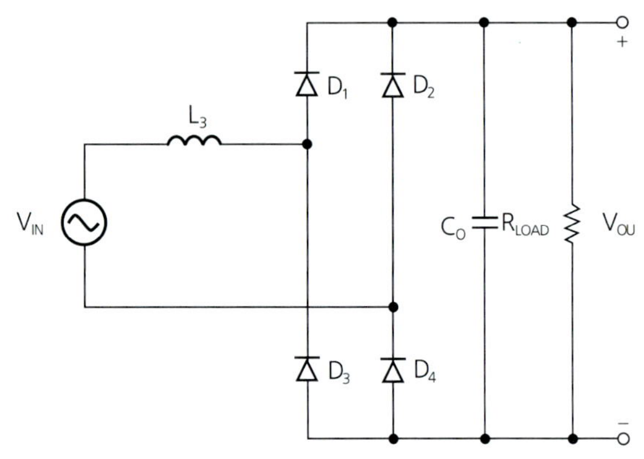

그림 7.3 정류기 앞에 인덕터를 삽입하는 방식

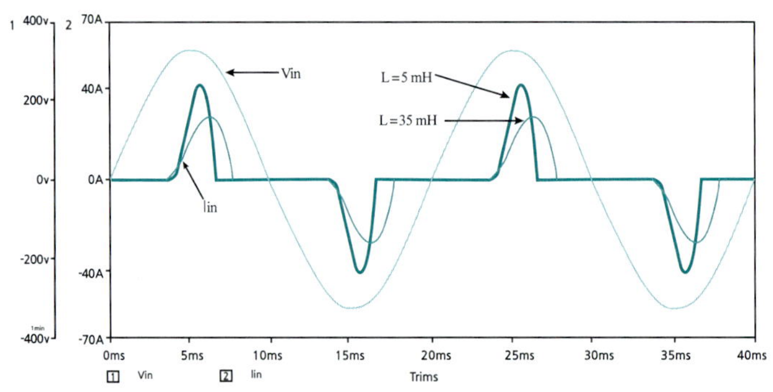

그림 7.4 정류기 앞에 인덕터를 삽입하는 방식에서 전압과 전류 파형

인덕터를 정류기 후에 삽입할 수도 있으며, 커패시터와 함께 저역통과필터를 구성하여 사용할 수도 있다. 수동 방식의 또 하나의 예로서 가스 방전등에서 널리 사용되는 간단한 수동 방식으로서 0.95의 역률까지 얻을 수 있는 밸리 필(valley fill) 방식을 그림 7.5에서 볼 수 있다. 이 방식에서는 C1과 C2가 각각 첨두 전압의 1/2로 충전되었다가 전파 정류 출력이 첨두 전압의 1/2 이하로 떨어지면 부하에 전류를 공급하는 방식으로서, 그림 7.6에서 보는 바와 같이 고조파는 발생하지만 전류가 흐르는 시간 구간이 크게 연장되는 것을 볼 수 있다.

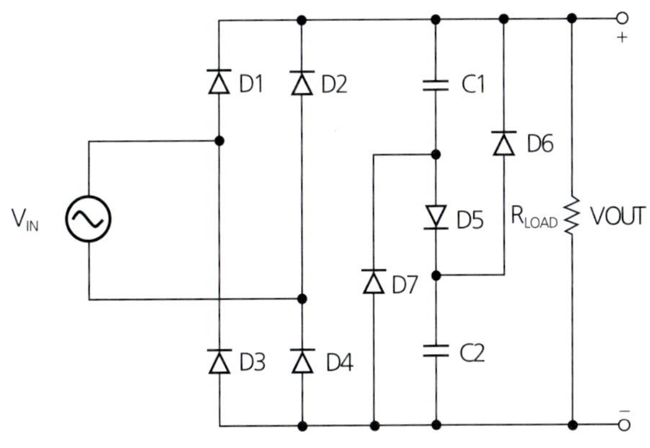

그림 7.5 밸리 필 방식의 역률 교정회로

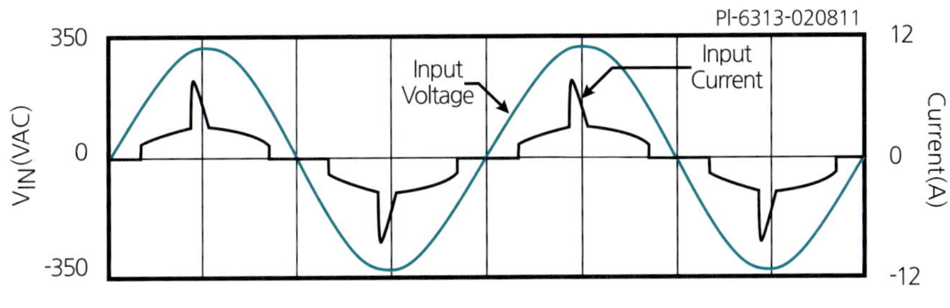

그림 7.6 밸리 필 방식의 역률 교정회로에서 전류 파형

수동 방식은 낮은 주파수에서 동작하기 때문에 요구되는 인덕턴스나 커패시터값이 크기 때문에 부피도 크고 역률도 능동 방식에 비하여 낮은 편이다.

7.2.2 능동 방식

역률을 높이는 또 하나의 방식은 정류기와 필터 커패시터 사이에 벅 컨버터나 부스트 컨버터 또는 벅-부스트 컨버터를 삽입하고, 적절한 제어를 통하여 평균 입력 전류가 정현파 전압 파형을 따라 가도록 만드는 것이다. 능동 방식은 회로가 복잡하여 가격이 높고, EMI 문제가 있지만, 대전력 응용이나 광범위한 입력 전압에서 동작을 위해서는 가장 좋은 방식이다.

능동 방식에서 스위칭 주파수는 전원 주파수보다 훨씬 높아야 하며, 출력 전압은 전원 주파수의 두 배 주파수의 리플을 갖게 된다. 벅 PFC의 경우 출력 전압은 입력 전압보다 낮게 되고, 부스트 PFC의 경우 출력 전압은 입력 전압보다 높게 되며, 벅-부스트 PFC 경우에는 출력 전압이 입력 전압보다 낮을 수도 있고, 높을 수도 있다.

인덕터 전류는 연속적일 수도 있고 불연속적일 수도 있으나, 부스트 PFC에서만 입력 전류가 연속적으로 흐를 수 있다. 왜냐하면 부스트 PFC에서는 인덕터가 항상 입력에 연결되어 있어서 인덕터의 전류가 입력 전류와 같게 되지만, 벅 컨버터나 벅-부스트 PFC에서는 스위치에 의하여 인덕터가 입력으로부터 끊어지는 시간 구간이 존재하기 때문이다.

7.2.2.1 벅 PFC

벅 PFC에서는 그림 7.7에서 보는 바와 같이 보통 LC 필터를 거쳐 벅 컨버터를 연결한다. 벅 컨버터는 입력 전압이 출력 전압보다 높은 경우에 동작하기 때문에 그림 7.8에서 보는 바와 같이 입력 전압이 낮은 구간에서 전류 파형의 찌그러짐이 발생한다. 더구나 인덕터 전류가 연속인 경우에도 스위치에 의하여 입력이 끊어지는 구간에서 입력 전류가 갑자기 0이 되어 그림 7.8에서 보는 것처럼 입력 전류에 고주파 성분이 많이 존재하므로, EMI 문제가 발생하고 그에 따라 필터 설계도 까다로워지게 된다.

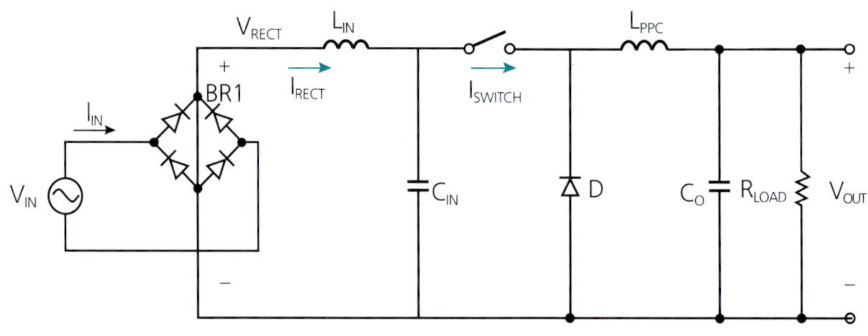

그림 7.7 벅 PFC의 회로

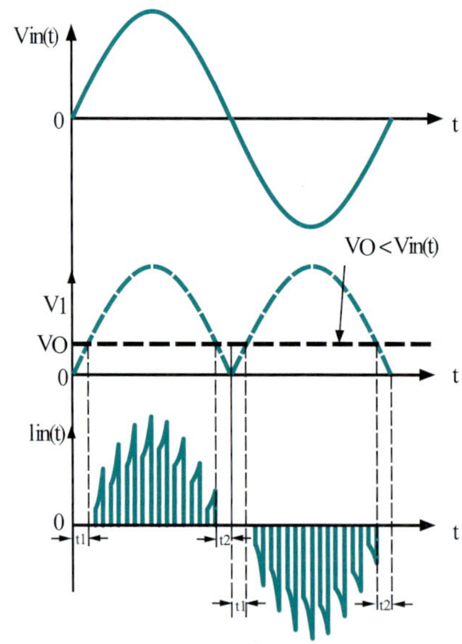

그림 7.8 벅 PFC의 주요 파형

7.2.2.2 부스트 PFC

그림 7.9는 PFC로서 가장 흔히 사용되는 부스트 PFC 회로를 보여 주고 있다. 부스트 PFC에서 출력 전압을 전파정류된 파형의 첨두 전압보다 높게 잡으면 전 구간에서 PFC가 동작하기 때문에 벅 PFC에서와 같은 찌그러짐 문제는 발생하지 않는다. 더구나 인덕터 전류가 연속이면 입력 전류도 연속이어서 입력 전류에 고주파 성분이 크지 않아 EMI 문제가 크게 완화된다. 또한 다이오드가 스위치에 연결되어 있고 출력 커패시터 때문에 출력 전압이 크게 변하지 않기 때문에 스위치에 걸리는 전압은 거의 출력 전압에 클램핑(clamping) 되어 스위치가 보호를 받는다.

부스트 PFC에서는 인덕터 전류를 그림 7.10과 같이 불연속전도 모드, 경계전도 모드, 불연속전도 모드로 제어할 수 있다. 불연속전도모드는 고정된 스위칭 주파수로 동작시킬 수 있고 입력 전압 파형을 감지하여 제어할 필요가 없어서 제어회로가 간단하다는 장점이 있는 반면에 첨두 전류 값이 커서 EMI 발생이 심해진다. 경계전도 모드는 보통 스위치가 켜지는 시간을 고정하고 전류가 0이 될 때 스위치를 끄는 히스터레텍(hysteretic) 제어 방식을 사용한다. 따라서 스위치가 꺼진 경우 입력 전압이 낮을 때 인덕터에 걸리는 전압의 크기가 최대가 되어 전류가 빨리 감소하므로 스위칭 주파수가 최대가 된다. 그러나 연속전도 모드에 비하여 최대 전류가 2배나 되어 전도 손실과 스위칭 손실이 증가하는 단점이 있다.

100 W가 넘는 중·대전력 응용에서 요구되는 입력필터가 크기를 좌우하므로 연속전도 모드 방식이 유리하다. 연속전도모드에서는 입력 전류파형의 제어를 위하여 그림 7.10과 같은 두 개의 루프를 갖는 제어 방식을 사용한다. 출력 전압을 감지하여 PWM에서 듀티를 제어하는 루프는 저속 루프이고, 입력 전압 파형을 감지하여 입력 전류의 평균이 전압 파형을 쫓아가도록 PWM에서 듀티를 제어하는 루프는 고속 루프이다. PWM 제어에서 기준 전류는 입력 전압 파형에 출력 전압의 에러를 곱하여 얻는다. 연속전도 모드에서는 다이오드에 전류가 흐르고 있는 상태에서 스위치가 켜지기 때문에 다이오드가 순방향 바이어스 상태에서 역방향 바이어스로 전환되어야 한다. 이때 전류 스파이크가 발생하여 손실을 발생시키고 EMI를 야기한다. 따라서 역방향 복귀 특성이 우수한 고속 다이오드를 사용해야 한다.

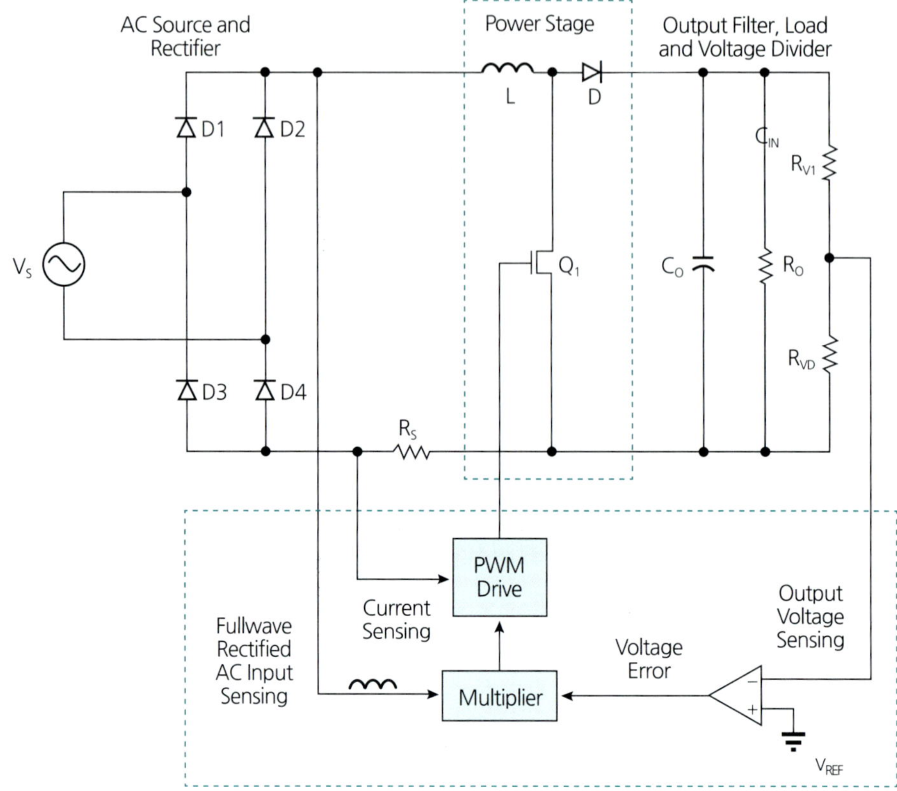

그림 7.9 부스트 PFC의 회로도

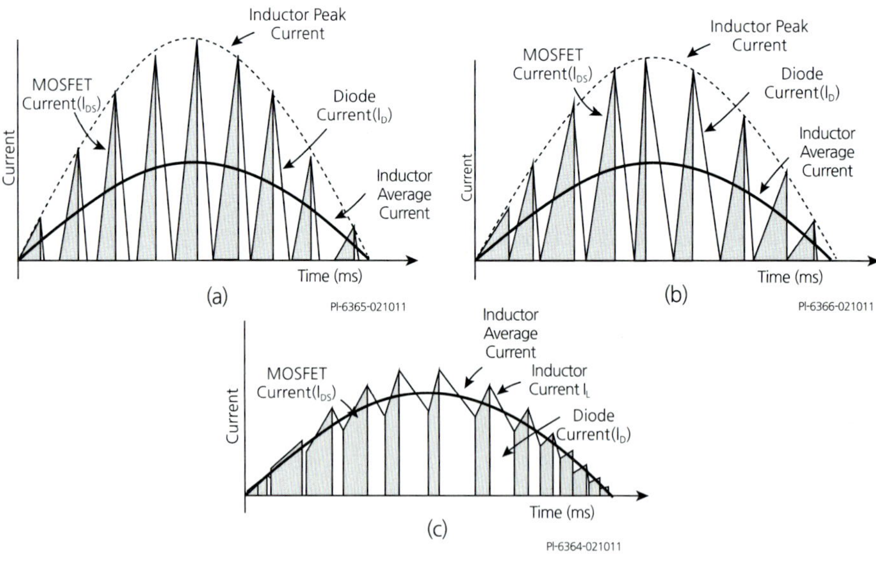

그림 7.10 부스트 PFC의 주요 파형

7.2.2.3 벅-부스트 PFC

그림 7.11은 입력 전압을 올릴 수도 있고, 낮출 수도 있는 벅-부스트 PFC 회로이다. 출력 전압의 극성이 입력에 비하여 반전되므로 스위치에 더 높은 스트레스를 주게 된다. 전 구간에서 동작하므로 입력 전류의 찌그러짐이 발생하지 않으나, 그림 7.12에서 보듯이 인덕터 전류가 연속인 경우에도 입력 전류는 0이 되는 구간이 존재하여 EMI 측면에서 불리하다.

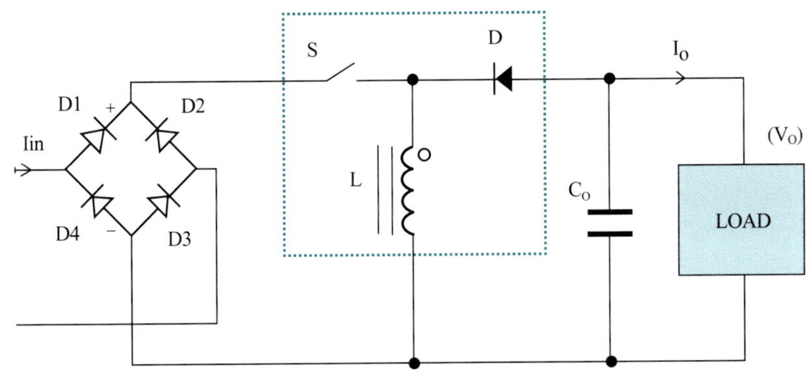

그림 7.11 벅-부스트 PFC 회로

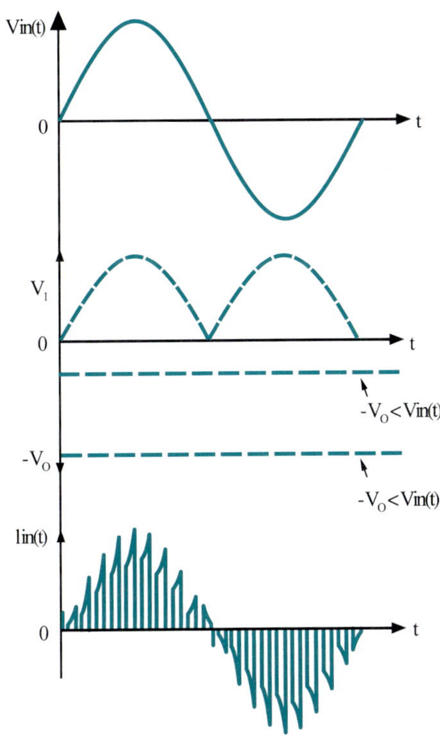

그림 7.12 벅-부스트 PFC의 주요 파형

7.2.2.4 Flyback PFC

Flyback 컨버터는 6장에서 설명한 바와 같이 벅-부스트 컨버터의 절연형태이다. Flyback 컨버터를 이용하여 그림 7.13과 같이 PFC를 구현할 수 있으며, 불연속전도 모드로 동작시키기에 적합하다. 그림 7.14에서 보는 바와 같이 입력 전류의 기울기가 입력 전압에 비례하므로, 평균 전류가 입력 전압 파형을 따라간다. 변압기를 사용하기 때문에 출력이 입력으로부터 절연되고, 전압을 바꾸거나 복수 출력을 얻는 것이 용이하다는 장점이 있지만, 효율이 감소하고 di/dt 잡음, 부피와 무게가 증가하는 문제점이 있다.

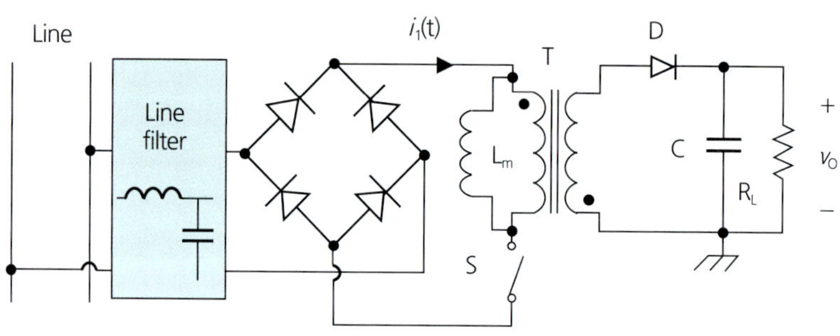

그림 7.13 Flyback PFC 회로

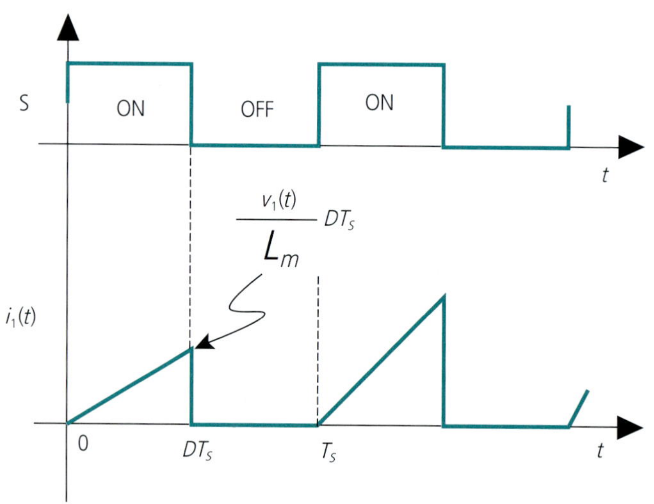

그림 7.14 Flyback PFC의 입력 전류 파형

7-3 PFC 전원 구조

가장 흔한 구조는 그림 7.15와 같은 2단 구조이다. 불연속전도 모드에서 동작하는 PFC 단을 첫 단으로 사용하고, 두 번째 단에서는 출력 전압 레귤레이션을 수행하는 방식이다. 이때 PFC 단을 전치 레귤레이터(pre-regulator)라고 한다. 첫째 단 출력에 직류 전압을 안정시키기 위하여 커패시터를 연결한다. 두 번째 단에서는 불연속전도 모드보다는 연속전도 모드를 사용하는 것이 리플을 줄이기 위해 유리하다.

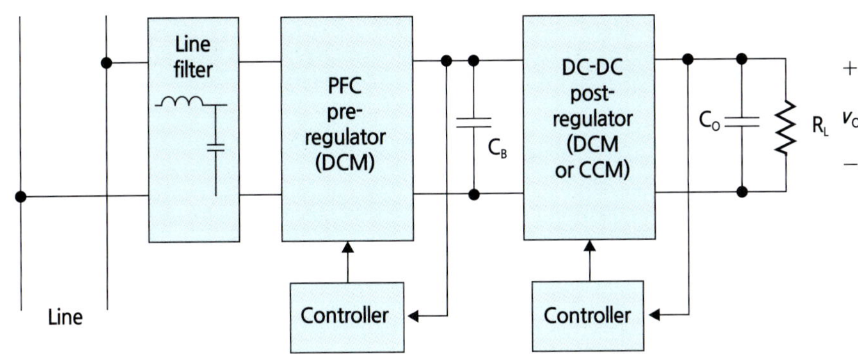

그림 7.15 2단 PFC 전원

가격과 부피 및 무게를 줄이기 위해서 1단으로 PFC 기능과 레귤레이션 기능을 수행하는 구조도 많이 개발되었다. 그림 7.16과 같이 2개의 스위치를 사용하는 구조와 그림 7.17과 같이 1 개의 스위치를 사용하는 구조가 있다.

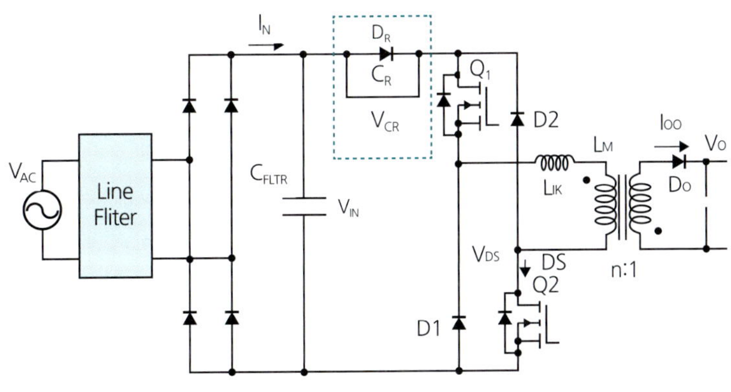

그림 7.16 2개의 스위치를 갖는 단일단 PFC 전원

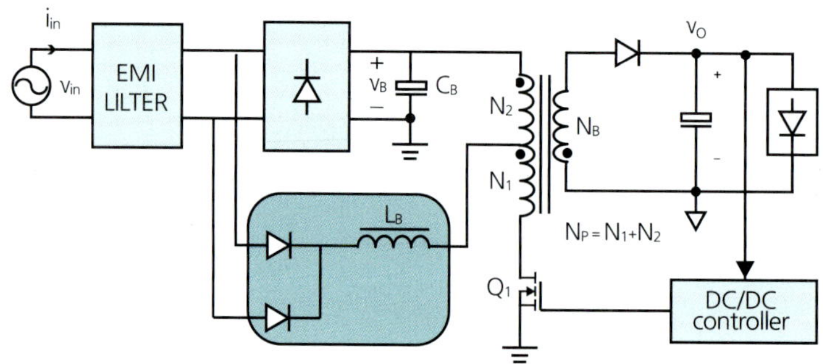

그림 7.17 1개의 스위치를 갖는 단일단 PFC 전원

참고 문헌

[7.1] S. Basu, Single Phase Active Power Factor Correction Converters, Ph.D. thesis, Chalmers University of Technology, 2006.

[7.2] Active Power Factor Correction–Basics, Application Note AN–53, Power Integrations, 2011.

[7.3] H. Choi, "Two–switch BCM flyback single–stage PFC for HB LED lighting applications,"IEEE APEC 2013, pp. 3125–3130, 2013.

[7.4] Y. Hu, L. Huber, and M. Jovanovic, "Single–stage, universal–input AC/DC LED driver with current–controlled variable PFC boost inductor,"IEEE Trans. Power Electron, vol. 27, no. 3, pp. 1579–1588, Mar. 2012.

기설치 등기구와의 호환성

8-1 트라이악 조광기와의 호환성
8-2 형광등 발라스트와의 호환성

8장에서는 LED 등기구의 설치를 좀더 쉽게 할 수 있도록, 이미 설치되어 있는 등기구와의 호환성을 고려한다. 첫 번째는 백열등의 조광에 널리 사용되고 있는 트라이악(TRIAC) 조광기와의 호환성 문제를 살펴보고, 두 번째는 기존 형광등의 발라스트를 제거하지 않고 LED를 구동할 수 있는 방법을 살펴 본다.

8-1 트라이악 조광기와의 호환성

8.1.1 기존 트라이악 조광 방식

빛의 밝기를 조절하기 위하여 저항성 부하인 백열등의 경우에는 트라이악을 이용하여 매 주기마다 그림 8.1처럼 주기의 일정 부분에만 전력을 공급하는 방식을 사용하여 왔다.

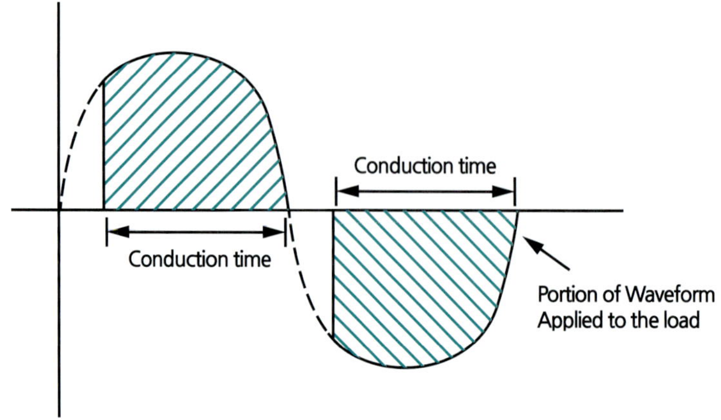

그림 8.1 위상 절개(cut) 방식에 의한 조광

그러한 기능을 구현하기 위하여 트라이악 소자를 사용하였다. 트라이악 소자는 그림 8.2와 같이 두 개의 SCR(Silicon Controlled Rectifier)의 극성을 서로 바꾸어 병렬로 연결한 구조로서, 그림 8.3과 같은 전기적인 특성을 가지고 있다.

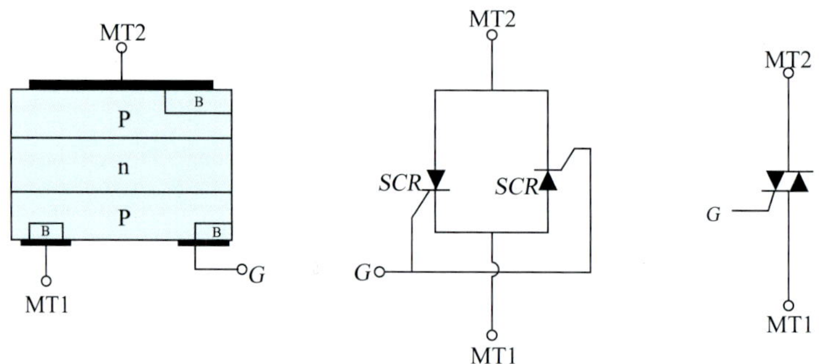

그림 8.2 트라이악의 구조 및 심볼

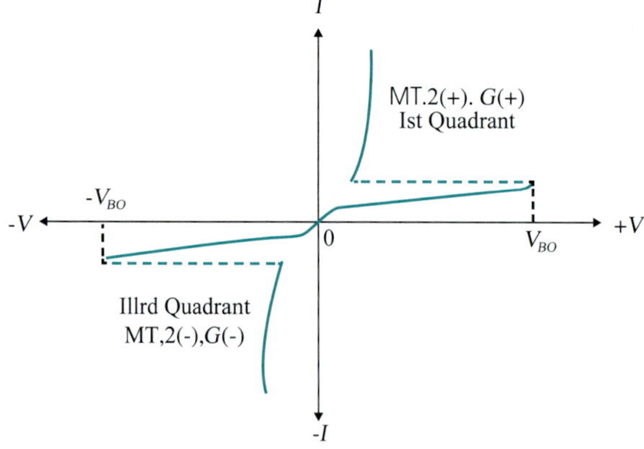

그림 8.3 트라이악의 전기적인 특성

트라이악은 두 개의 SCR의 극성을 서로 바꾸어 병렬로 연결한 구조이기 때문에 그림 8.3에서 보는 바와 같이 점 대칭 특성을 가지고 있다. MT1과 MT2, 양단의 전압을 증가시켜도 전압이 V_{BO}에 도달하기 전에는 전류가 사실상 0이다(그림 8.3에 흐르는 전류 크기는 과장되어 있음.) V_{BO}에 도달하면 갑자기 큰 전류가 흐르기 시작하면서 양단 전압이 매우 작은 값으로 떨어져 전류를 잘 흘려 주는 작은 저항을 갖는 on 상태에 들어간다. V_{BO}는 게이트(G)에 흐르는 전류에 따라 급격히 낮아진다. 트라이악을 켜기 위해서는 켜기를 원할 때에 게이트에 전류를 흘려 주어 V_{BO}를 떨어뜨려야 한다. 보통 게이트에 다이악(DIAC)을 통하여 전류를 공급함으로써, 다이악 입력 전압이 정해진 전압에 도달했을 때 전류를 흘려 주어 트라이악을 on 상태로 만드는 방법이 사용된다. 그림 8.4는 다이악의 구조와 심볼을 보여 주고 있다. 다이악은 극성에 관계없이 걸어준 전압의 크기가 정해진 값 이상이 되면 두 접합 중에서 역방향 바이어스되는 pn 접합이 브레이크다운을 일으켜 전류가 크게 흐르게 된다.

일단 트라이악에 전류가 흐르기 시작한 이후에는, 게이트는 통제력을 잃고, 양단에 흐르는 전류가 홀드 전류 이하가 되지 않으면 on 상태를 유지한다. 보통은 상당한 크기의 전류가 흐르는 부하에 연결되어 있기 때문에 입력 전압이 거의 0이 될 때까지 on 상태를 유지한다.

그림 8.4 다이악의 구조와 심볼

트라이악과 다이악을 이용하여 위상 절개를 구현한 조광회로를 그림 8.5에서 볼 수 있다.

그림 8.5에서 저항 Rt와 Ct는 교류 전압에 대하여 위상 편이(shift)를 일으키며, Rt를 가변시켜 위상 편이를 바꾸어주면 다이악의 브레이크다운이 일어나는 시점의 위상을 바꾸어 줄 수 있다. 일단 다이악이 켜져, 그 결과로서 트라이악이 켜지면 홀드 전류가 작기 때문에 전압이 0이 될 때까지 트라이악은 on 상태를 유지하여 그림 8.1에 보인 조광 기능을 수행한다.

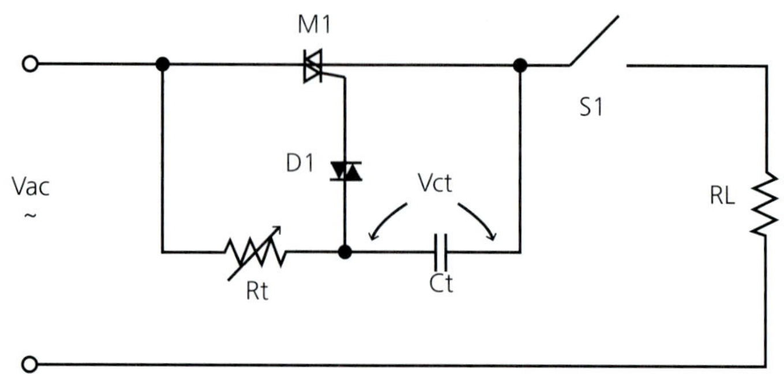

그림 8.5 트라이악을 이용한 조광회로

8.1.2 기존 트라이악 조광 방식과 LED 구동회로와의 호환성

기존 백열등은 저항성 부하이지만 LED 구동회로의 입력에는 보통 역률 교정회로가 연결되어 있다. 조광기가 없을 때에는 역률 교정회로가 동작하여 입력 전류를 정현파 형태로 만들어 역률을 높이고, 고조파 발생을 억제한다. 조광기가 있게 되면 역률 교정회로의 입력 전류가 트라이악의 홀드 전류보다 커야 되는 조건을 만족시키지 않아 오동작을 일으킬 수 있다. 보통 트라이악의 홀드 전류는 5 mA에서 50 mA 사이인데, 저전력 LED 구동 회로의 경우 문제가 일어날 가능성이 크다. 만약 230 V 교류 전원이 11 W LED 구동 회로에 연결되는 경우, 실효전류값은 47.8 mA가 된다. 이때 홀드 전류가 20 mA라면 트라이악이 163도가 될 때까지 on 상태를 유지할 수 있다는 뜻이어서 큰 문제가 없어 보이지만, 실제는 입력 전류의 리플, 전류 링잉(ringing) 등 때문에 트라이악이 꺼지는 문제가 발생할 가능성이 존재한다. 이러한 문제가 발생하면 트라이악이 통제 불능 상태에 빠지게 되어, 조광의 단조 증가 특성이 훼손되고 플리커링이 발생할 수 있다.

이러한 문제를 해결하기 위한 간단한 방법은 그림 8.6과 같이 LED 구동회로와 병렬로 블리더(저항)를 연결하여 조광기에 필요한 홀드 전류를 보장해 주는 것이다. 최소 홀딩전압이 50 V이고, 10 mA의 전류를 블리더에서 추가로 흘려 주어야 한다면 5 KΩ 저항을 사용하여야 하는데, 그림 8.5(a)를 사용하는 경우 저항에 의한 전력 소모가 10W에 이르게 된다. 그림 8.5(b)처럼 스위치를 추가하여 전력 소모를 줄일 수 있다.

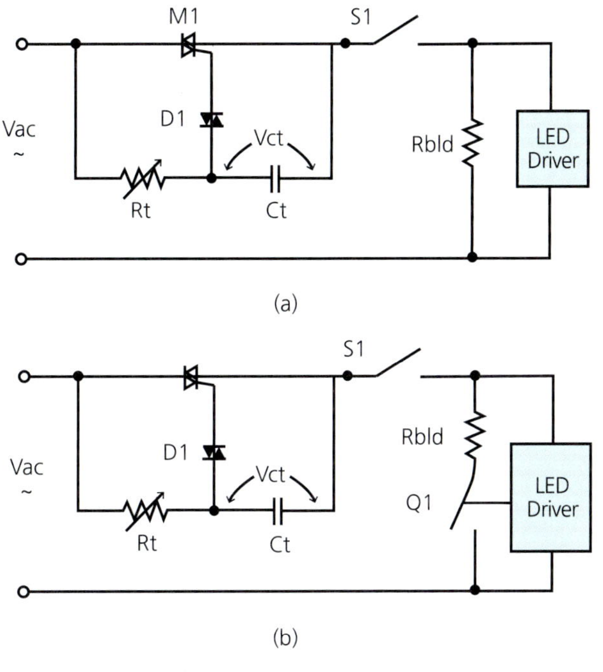

그림 8.6 블리딩 방식

LED 전원의 입력에 그림 8.7과 같이 보통 LC로 구성되는 EMI 필터가 있고, 조광기도 보통 그림 8.8에서 보는 것처럼 자체 LC 필터가 있는데, 이러한 LC 회로에 펄스 전압이 가해지면 링잉이 발생할 수가 있다. 이러한 링잉은 게이트를 불규칙적으로 트리거시켜 플리커 현상을 일으킬 수 있다. 링잉은 공진에 기인하기 때문에 적절한 위치에 저항을 삽입하여 감쇠를 주면 완화시킬 수 있다.

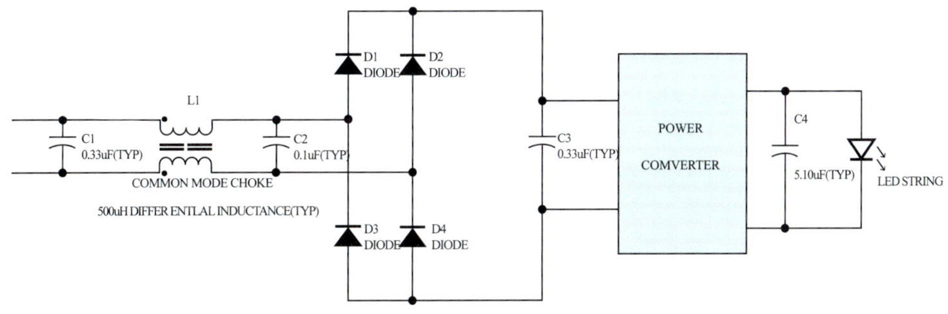

그림 8.7 LED 구동회로의 입력에 있는 EMI 필터

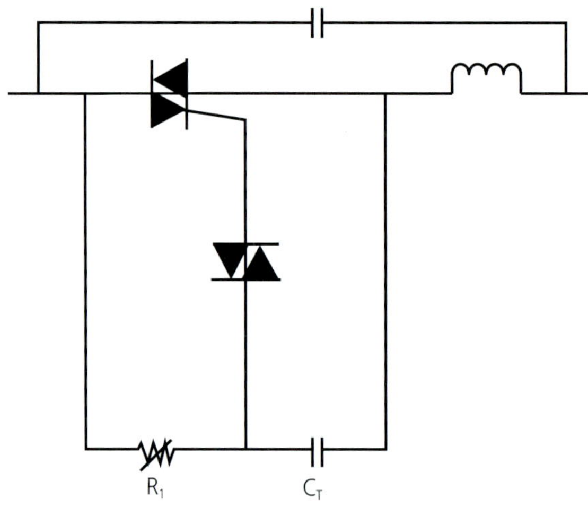

그림 8.8 조광회로의 LC 필터

최근에는 그림 8.9와 같이 위상 절개된 LED 구동 회로 입력 파형에서 위상을 검출하여 조광을 구현하는 방식도 개발되었다.

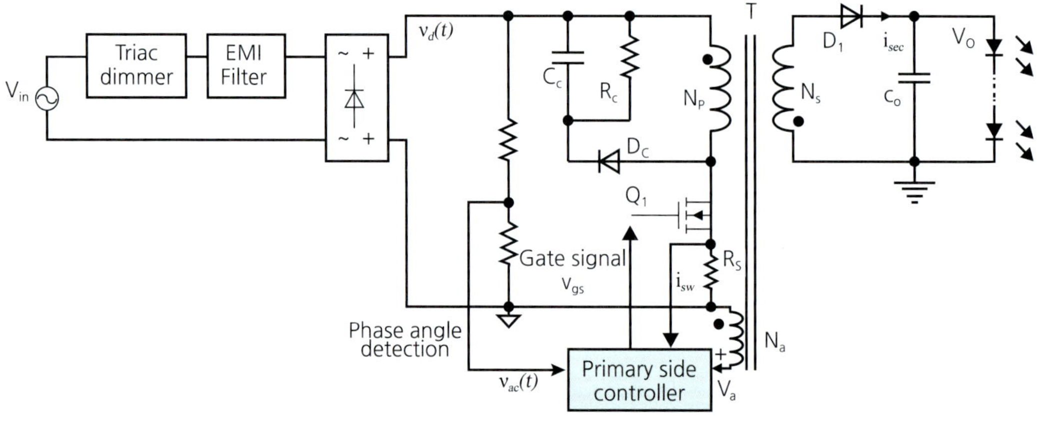

그림 8.9 절개 각도 검출을 통한 조광 방식

8-2 형광등 발라스트와의 호환성

형광등은 3장에서 설명한 바와 같이 방전이 개시되면 음저항 특성을 가지게 되어 발라스트가 필요하다. 형광등을 LED 등기구로 교체하려고 하는 경우 발라스트까지 교체하는 것이 작업에 어려움을 줄 수 있다. 만약 그림 8.10처럼 이미 설치되어 있는 형광등의 발라스트와 호환성이 있는 LED 구동 회로를 개발할 수 있다면 형광등의 교체가 용이하게 되어 LED 조명의 보급에 큰 도움을 줄 수 있을 것이다.

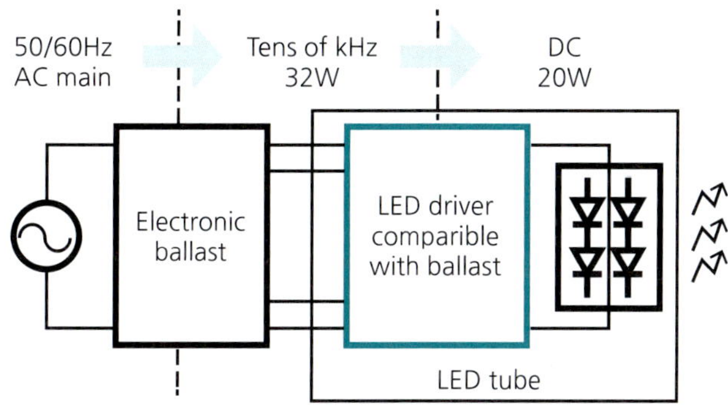

그림 8.10 기존 형광등 발라스트와 호환성이 있는 LED 구동회로

형광등의 발라스트는 크게 두 종류로 나눌 수 있다. 그림 8.11은 자기식 발라스트를 보여 주고 있고, 그림 8.12는 전자식 발라스트를 보여 주고 있다.

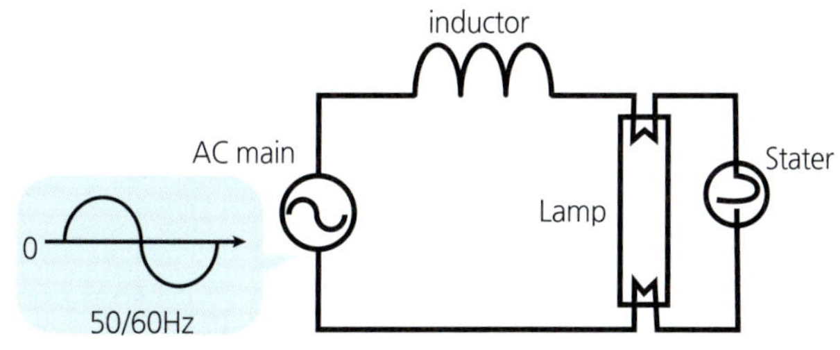

그림 8.11 형광등의 자기식 발라스트

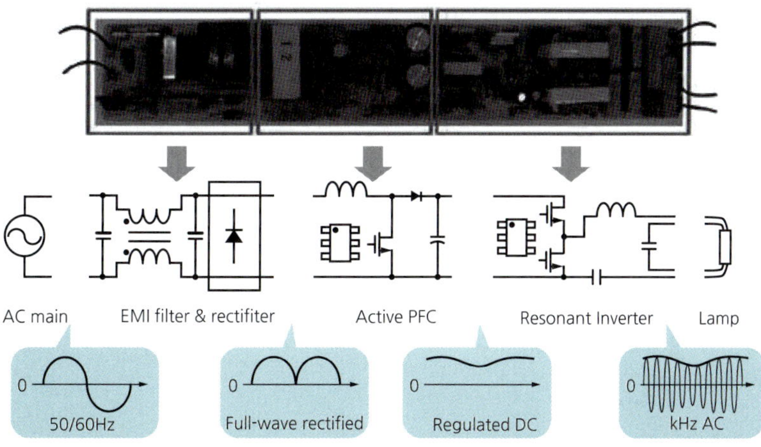

그림 8.12 형광등의 전자식 발라스트

전자식 발라스트의 입력단에는 EMI 필터와 정류기가 있고 정류기 출력에는 능동 PFC가 연결되어 있다. PFC에는 7장에서 설명한 바와 같이 수동식으로는 밸리 필 방식이, 능동식으로는 불연속전도 모드로 동작하는 부스트 PFC가 널리 사용되고 있다.

형광등 구동용 인버터에는 그림 8.13과 같은 네 가지 구조의 공진형 인버터가 주로 사용된다. (a)는 전압-공급 하프-브리지, (b)는 전압-공급 푸쉬풀, (c)는 전류-공급 하프-브리지, (d)는 전류-공급 푸쉬풀이다.

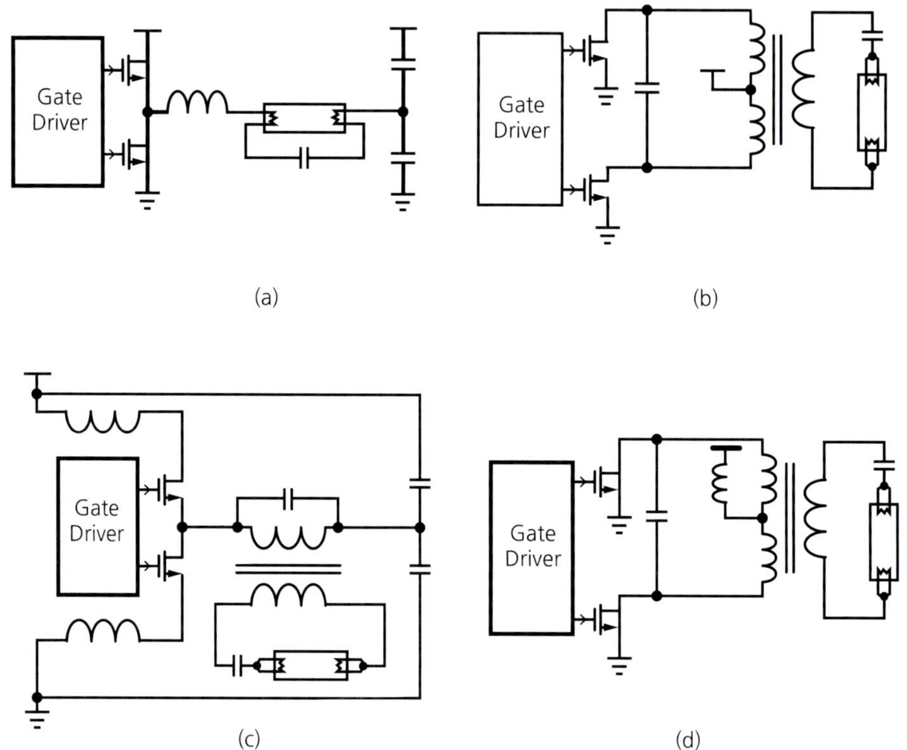

그림 8.13 형광등 전자식 발라스트에 주로 사용되는 공진식 인버터 구조

인버터는 점등에 필요한 고압을 발생시킬 수 있어야 하며, 출력 전류는 음 저항 특성을 조절할 수 있어야 한다. 전압-공급의 경우에는 LCC 공진회로가 그 기능을 수행한다. 그림 8.14에 LCC 공진회로 전달 함수의 특성을 보여 주고 있다.

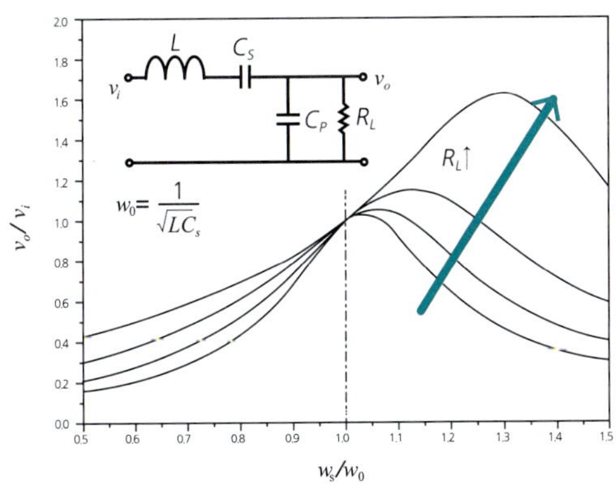

그림 8.14 부하저항변화에 따른 LCC 공진회로 전달 함수의 특성

그림 8.14에서 방전이 일어나기 전에는 부하 저항이 매우 커서 이득이 크므로 점등에 필요한 고압을 발생시킬 수 있다. 점등 후에는 저항이 낮아지므로 전압이 낮아져서 출력 전압 조절 기능이 작동됨을 알 수 있다. 전류-공급 방식에서 전류 조절은 1차측에서 이루어지고, 형광등이 커패시터와 직렬로 연결되기 때문에 방전 전에는 대부분 전압이 형광등에 걸려 고압을 얻고, 방전 후에는 저항이 낮아져서 대부분 전압이 커페시터에 걸리게 되어 형광등에는 낮은 전압이 걸리게 된다.

또한 전자식 발라스트에는 그림 8.15와 같이 기동방식에 따라 순시 기동 방식과 속시 기동 방식이 있다.

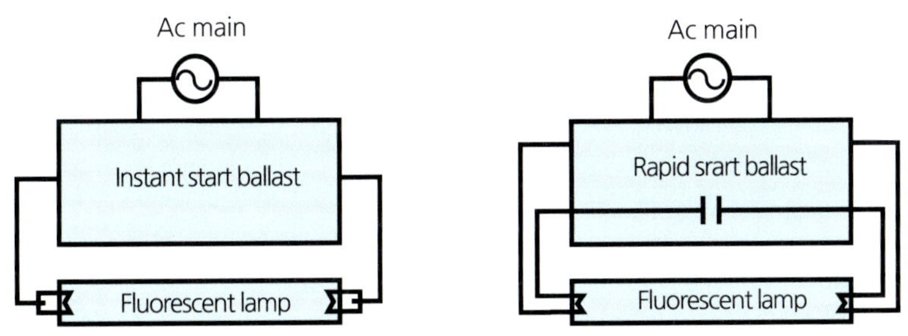

그림 8.15 (a) 순시 기동 방식, (b) 속시 기동 방식

순시 기동 방식은 필라멘트를 예열하지 않고 고압을 가하여 순간적으로 아크 방전을 일으키는 방식이기 때문에 필라멘트가 단락되어 있다. 순시 기동 방식은 형광등과 병렬 전류 경로가 없기 때문에 효율이 높지만 형광등의 수명이 짧다는 단점이 있다. 속시 기동 방식은 커패시터를 통해 필라멘트에 전류를 흘려 가열하기 때문에 방전 개시 전압이 순시 기동 방식에 비하여 낮다. 따라서 순시 기동 방식에 비하여 형광등의 수명이 길어진다. 또 하나의 방식인 프로그램 기동방식에서는 초기에 스위칭 주파수를 높게 하여 점등은 시키지 않

고 필라멘트를 가열한 다음에 주파수를 낮추어 점등에 필요한 고압을 발생시킨다.

기존 전자식 형광등 발라스트와 호환성이 있는 LED 구동 회로를 구현하기 위하여 그림 8.16과 같은 방식이 제안되었다. 이 방식에서는 SW_1을 제어하여 발라스트로부터 받은 전류를 원하는 값까지 감소시켜 LED 부하에 넘긴다. 형광등의 보호 기능과 호환성을 위해서는 초기 방전 특성을 모사하는 것이 필요하므로 SW_2를 사용하여 방전특성을 재현한다. 또한 필라멘트와 값이 같은 저항을 사용하여 예열 과정도 모사한다.

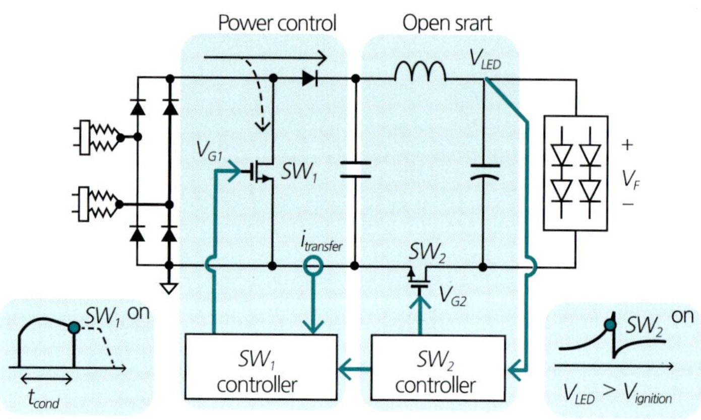

그림 8.16 전자식 발라스트 호환 LED 구동 회로

또 다른 방식으로서 그림 8.17과 같은 동기식 전압 체배 정류기 방식으로 기존 발라스트와 호환성이 있고 효율이 높은 LED 구동회로도 개발되었다. 이 방식에서 스위치 S1, 다이오드 D1과 D2, 커패시터 C_{L1}과 C_{L2}로 동기식 전압 체배 정류기 방식이 구현되었으며, ZVS 동작을 위한 제로크로싱 검출을 위하여 R2, R3, C1, 비교기와 MCU가 사용되었다.

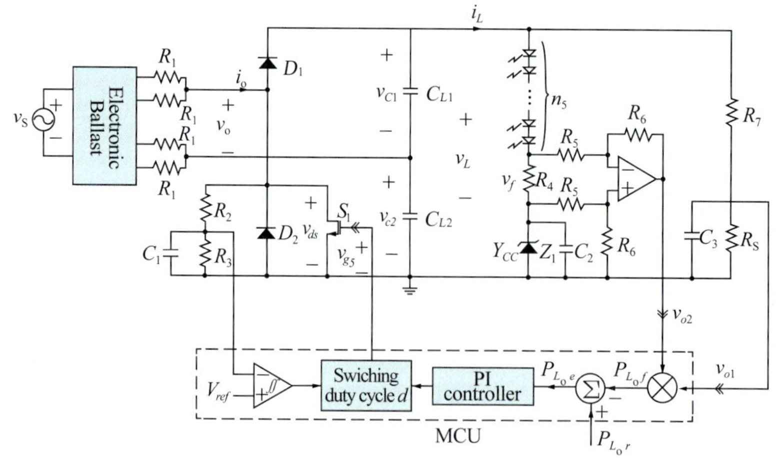

그림 8.17 동기식 전압 체배 정류기 방식

최근에는 그림 8.18과 같이 전류원 구동 부스트 컨버터를 사용하고, 형광등의 고압 방전 특성을 디지털 제어기로 모사하는 새로운 방식의 LED 구동 회로가 제안되었다.

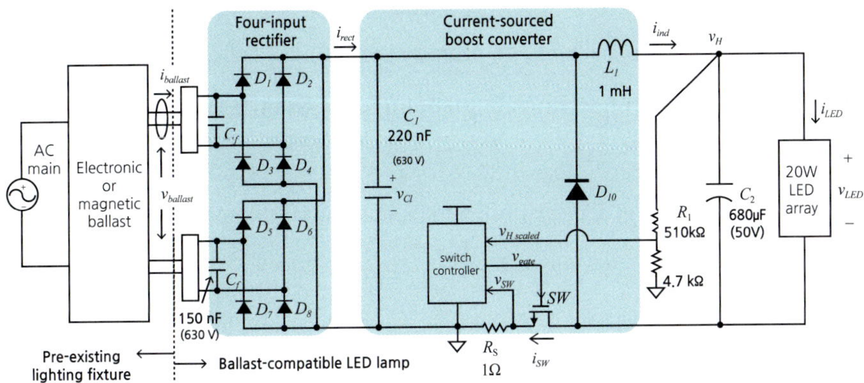

그림 8.18 전류원 구동 부스트 컨버터 방식

참고 문헌

[8.1] L. Yan, B. Chen, J. Zheng, "A new TRIAC dimmable LED driver control method achieves high-PF and quality-of-light," APEC IEEE, pp.969-974, 2012.

[8.2] H. Zeng, T. Jiang, J. Zhang, "A primary side control scheme for triac dimmable LED driver based on indirect output current sensing," ECCE, IEEE, pp. 3249-3256, 2012.

[8.3] J. Choi, LED Driver Compatible with Electronic Ballast, Ph.D. Thesis, KAIST, 2013.

[8.4] D. Nguyen, E. Lee, M. Sonapreetha, C. Rim, "A compact and high efficient LED driver compatible with electronic ballast by synchronous voltage double rectifier," 9th Int. Conf. on Power Electronics, pp. 1090-1096, 2015.

[8.5] J. Choi, H. Han, and K. Lee, "A current-sourced LED driver compatible with fluorescent lamp ballast," IEEE Trans. on Power Electron., vol. 30, no. 8, pp. 4455-4466, Aug. 2015.

고신뢰도 LED 구동 회로

9-1 방열 설계
9-2 무 전해커패시터 구동 회로

LED 조명에서 긴 수명의 장점을 제대로 살리려면 두 가지의 취약점이 해결되어야 한다. 첫째는 LED의 방열이 제대로 이루어져 LED 온도가 적정 온도를 넘지 않도록 해야 하고, 둘째는 LED 구동 회로에 전해 커패시터를 사용하지 않는 것이다.

방열을 개선하여 같은 전력 소모에 대하여 LED의 동작 온도를 낮출 수 있으면 광속도 덜 감소하여 램프 효율도 증가하고, 온도 변화에 따른 색상 변화의 문제도 완화되는 장점이 있다. 온도의 증가에 따라 램프 효율이 감소하는 한 예를 보면 Cree 반도체의 XLAMP XB-D의 경우 25℃에서 86.5 lm/W인 램프 효율이 60℃에서 82.7 lm/W로 감소한다. 먼저 방열 설계에 대하여 살펴본다.

9-1 방열 설계

최신 조명용 백색 LED에서는 투입되는 전력의 약 15~30%를 가시광선으로 변환하기 때문에 투입되는 전력의 70% 이상이 열로 바뀌게 된다. 따라서 LED 접합에서 발생되는 열 파워는 LED에 투입되는 전력의 75%가 열로 바뀐다고 가정하면 식 (9.1)과 같이 쓸 수 있다.

$$P_t = 0.75 V_{LED} I_{LED} \tag{9.1}$$

여기에서 V_{LED}는 LED에 걸리는 전압, I_{LED}는 LED에 흐르는 전류이다.

열 전달에 의하여 이 열 파워를 LED 접합으로부터 주변 공기로 효과적으로 내보내는 방열은 LED 조명 등기구의 동작을 위해 매우 중요하다. 먼저 열 전달에 대하여 살펴보자.

9.1.1 열 전달의 기본 모드

열 전달 모드에는 전도, 대류, 복사 세 가지 모드가 있다. 전도는 고체와 직접 접촉에 의하여 고체의 물질을 통한 열 전달이다. 전도 모드는 LED 접합에서 방열판까지 열이 전달되는 데에 있어서 가장 중요한 열 전달 모드이다. 보통 금속이 좋은 전도체이다. 어떤 물질이 열을 얼마나 잘 전도하는지는 열 전도도로 나타낸다. 열 전도에 의한 열 전달량은 식 (9.2)와 같이 나타낼 수 있다.

$$Q_{cond} = -kA\frac{\Delta T}{\Delta x} \tag{9.2}$$

여기에서 Q_{cond}는 전도를 통하여 이동되는 열, k는 물질의 열 전도도 (W/mK), A는 단면적, ΔT는 물질 양단의 온도 차이, Δx는 열이 이동하는 거리이다.

대류는 유체의 움직임을 통한 열 전달이다. LED 조명의 경우에는 방열판으로부터 주변 공기로 열이 전달되는 모드가 대류에 해당한다. 대류에는 자연식과 강제식 두 가지 종류가 있다. 자연식은 인공적인 유체의 흐름이 없을 때 온도 구배에 따른 부력에 의한 열전달이고, 강제식은 팬이나 펌프 등을 사용하여 유체를 움직이는 경우이다. 대류에 의한 열 전달량은 뉴턴의 대류에 의한 냉각 법칙에 의하여 식 (9.3)과 같이 표현된다.

$$Q_{conv} = hA\Delta T \tag{9.3}$$

여기에서 Q_{conv}는 대류를 통하여 이동되는 열, h는 열 전달계수 (W/m^{2}K), A는 단면적, ΔT는 물질 양단의 온도 차이이며, 보통 물질 표면 온도와 주변 공기 온도 차이이다.

대류를 통한 열 전달량을 계산하는데 있어서 어려운 부분은 열 전달계수 h를 구하는 데 있다. 왜냐하면 h는 경계조건, 기하학적 구조 등 여러 인자에 영향을 받기 때문이다. 보통 자연식 대류의 경우에 h는 5~20 W/m^{2}K이고, 강제식 대류의 경우에는 100 W/m^{2}K(공기), 10,000 W/m^{2}K(물)이다.

복사는 전자파에 의한 열 전달이며, 방열되는 열의 양은 물질의 방사율에 영향을 받는다. 방사율은 표면이 얼마나 흑체에 가까운지를 나타낸다. LED 조명 시스템에서 복사에 의한 방열은 표면 면적이 상대적으로 작고, 표면 온도도 최대 정격온도인 150℃ 이하로 유지하여 그다지 높지 않기 때문에 그 영향이 미미하다. 복사에 의한 열 전달량은 식 (9.4)와 같다.

$$Q_{RAD} = \epsilon\sigma A(T_s^4 - T_f^4) \tag{9.4}$$

여기에서 Q_{rad}는 복사를 통하여 이동되는 열, ε는 표면의 방사율, σ는 스테판-볼츠만 상수 ($5.67 \times 10^{-8}\mathrm{W/m^2K^4}$), A는 표면적, T_s는 물체 표면 온도, T_f는 주변 매질의 온도이다.

9.1.2 열 전달 경로 및 모델링

LED 접합에서 발생하는 열을 효과적으로 방열하기 위하여 보통 그림 9.1과 같은 방열 구조를 사용한다.

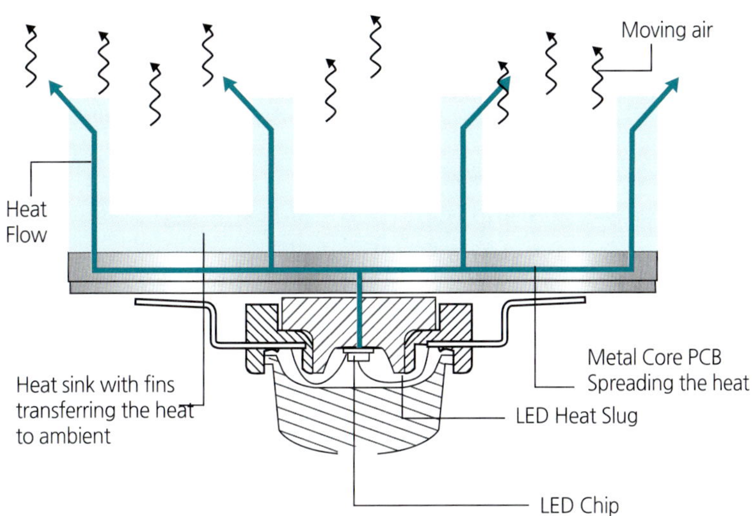

그림 9.1 고출력 LED의 전형적인 방열 구조

열 전달에 있어서 전도와 대류는 열 전달량이 온도 차이에 비례한다. 마치 전기회로에서 전류가 전압에 비례하는 것과 마찬가지이다. 복사에 의한 열 전달은 무시할만큼 작기 때문에 LED 조명에서의 열 전달은 열 저항 개념을 도입하여 그림 9.2와 같이 모델링할 수 있다.

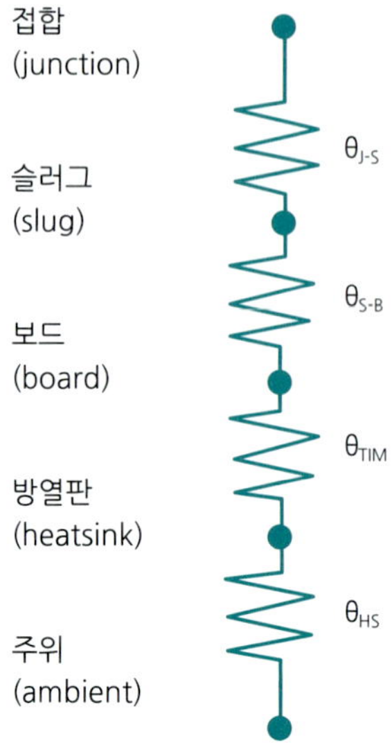

그림 9.2 LED 방열 구조의 모델링

사용할 LED와 원하는 동작 전류 및 주위 온도가 정해져 있을 때, 방열 설계과정을 생각해 보자. 네 개의 저항값 중에서 θ_{J-S}는 LED 소자에 의하여 이미 결정되어 있다. θ_{S-B}는 보드의 종류와 구조에 의하여 결정되고, θ_{TIM}는 보드와 방열판 사이에 사용하는 TIM(Thermal Interface Material)에 의하여 결정된다. θ_{HS}는 방열판의 크기와 형태, 방열판 주위의 공기의 흐름에 의하여 결정된다. 예를 들어, 서울반도체의 Z Power LED SZ5-M2를 사용한다고 하면, 표 9.1에서 보는 바와 같이 θ_{J-S}는 3.45℃/W이다. 방열 설계에 필요한 나머지 열 저항값을 결정하려면 접합에서 주위까지 전체 열 저항과 주위 온도에 따라 LED에 흘릴 수 있는 최대 전류값이 어떻게 달라지는지를 알아야 한다. 그림 9.3은 열 저항과 온도에 따른 최대 전류의 변화를 보여 주고 있다. 만약에 주위 온도가 50℃에서 1500 mA를 흘릴 수 있으려면 접합에서 주위까지 열 저항이 20℃/W이하이어야 하므로, 슬러그로부터 주위까지 열 저항이 16.55℃/W이어야 한다는 것을 알 수 있다. 만약에 접합에서 주위까지 열 저항이 25℃/W이라면 50℃에서 LED에 흘릴 수 있는 최대 전류는 1200 mA 이하로 제한된다.

표 9.1 서울반도체 Z Power LED SZ5-M2의 주요 특성(출처: 서울반도체 홈페이지)

Parameter	Symbol	Value			Unit
		Min.	Typ.	Max.	
Forward Corrent	I_F	–	–	1500	mA
Peak Pulsed Forward Current	I_F			2000	mA
Reverse Voltage	V_R	–	–	5	V
Power Dissipation	P_O	–	–	5.22	W
Forward Voltage(@700mA, 85℃)	V_F		–	3.0	V
Junction Temperature	T_j		–	150	℃
Operation Temperature	T_{OPR}	−40	–	125	℃
Storage Temperature	T_{STG}	−40	–	125	℃
Viewing angle	θ		118		degree
Thermal resistance(J to S)	$R\theta_{J-S}$	–	3.45	–	K/W
ESD Sensitivity(HBM)	Class 3A JESD22−A114−E				

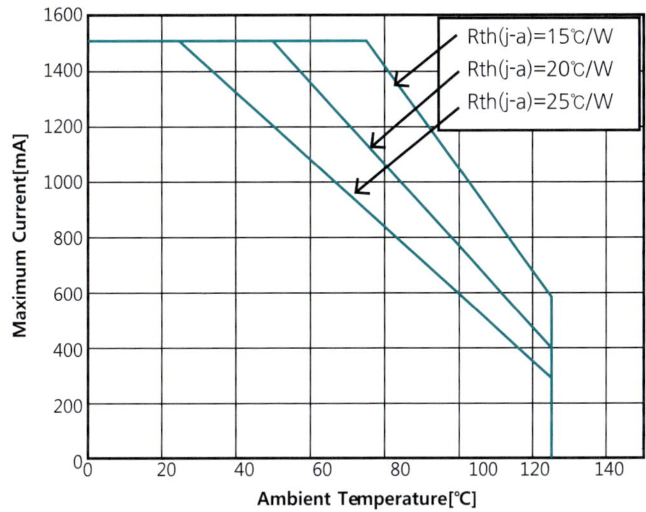

그림 9.3 서울반도체 Z Power LED SZ5-M2에서 열 저항과 온도에 따른 최대 전류의 변화(출처: 서울반도체 홈페이지)

9-2 무 전해커패시터 구동 회로

LED 구동 회로는 LED 등기구에서 가장 취약한 부분이다. 조사 결과에 의하면 고장의 52%가 구동 회로의 전원 부분에서 발생한 것으로 밝혀졌다. 문제의 원인으로 지목된 부품은 전해 커패시터이다. 노화에 의하여 전해질이 누설되거나 증발하여 사라질 수 있다. 내부에서 수소가 발생하여 압력이 증가하는 경우 일정 압력 이상이 되면 가스를 방출해 주도록 설계되어 있지만 제대로 작동되지 않으면 폭발할 수 있다. 또한 노화에 의하여 등가 직렬저항이 증가하면 자체발열에 의한 열폭주현상으로 인하여 수명이 단축될 수도 있다.

LED 구동 회로에서 이러한 문제를 해결하는 방법은 대부분 사용하는 커패시터의 용량을 최소화하여 전해 커패시터 대신에 금속화된 폴리프로필렌이나 폴리에스테르 필름 커패시터를 사용하는 것이다. 이러한 커패시터는 고온 동작에도 강하고, 수명도 길며, 고장 시에도 단락이 발생하지 않는 등 전해 커패시터에 있는 신뢰도 문제를 해결한다. 그러나 이러한 커패시터는 가격이 높고 부피가 크다.

기본적으로 LED 구동 회로는 단일 구조와 다단 구조로 나눌 수 있다. 단일 단 구조는 부품수를 줄여서 부피도 줄이고 가격도 낮춘다. 그러나 다단 구조가 필요한 커패시턴스를 줄이는 데 유리하다.

그림 9.4에서 단일 단 구동 회로의 한 예로서 플라이백 컨버터를 볼 수 있다. 부피 제약을 받는 경우에는 단일 단을 선택할 수밖에 없지만 좋은 성능을 얻기는 어렵다. 예를 들어, 구동 회로의 수명을 길게 하기 위하여 커패시턴스를 줄이면 LED에 흐르는 리플 전류가 커져서 효율을 저하시키고, 소자에 노화를 악화하고, 색상의 변화를 일으키거나, 플리커도 발생시킬 수 있다.

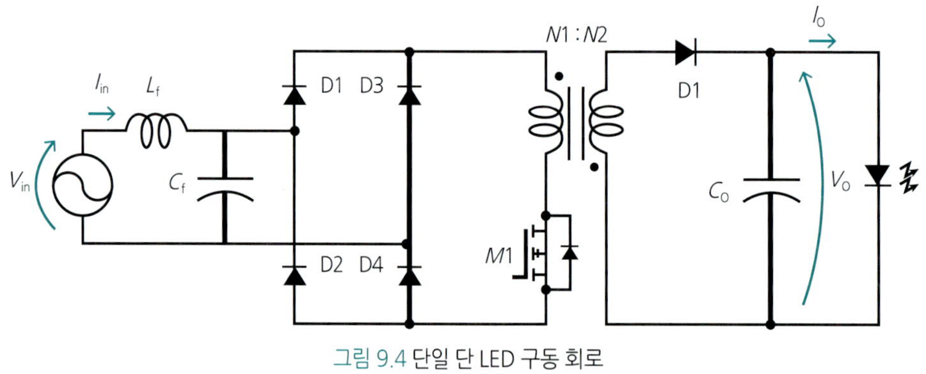

그림 9.4 단일 단 LED 구동 회로

다단 구조는 다시 세 가지 형태로 나눌 수 있다. 첫째는 각 단이 독립적인 동작을 하는 구조, 각 단이 통합된 동작을 하는 구조, 전력 처리를 감소시키는 구조를 사용할 수 있다.

독립된 동작을 하는 구조는 그림 9.5와 같이 첫 단은 역률 교정회로를 구현하고, 둘째 단은 전력 제어를 구현한다. 커패시턴스를 줄이는 방법 중 하나는 PFC 단 출력 전압을 높이는 것이다. 독립적 동작을 위해서는 제어회로가 각 단에 들어가야 하기 때문에 부품수도 증가하고 가격, 부피도 증가한다. 또한 전력이 두 차례나 스위칭 처리를 거치게 되어 효율도 저하한다. 또 하나의 방법은 출력 전압을 높이지 않고, 둘째 단에 공진형 컨버터를 사용하여 LED에 공급하는 저주파 리플 전류를 감소시키는 것이다. 또 하나 흥미로운 방법은 고조파를 제어 루프에 삽입하여 저주파 리플을 감소시키는 것이다. 그러나 이 방법은 고조파 억제 규정을 충족하는 데에는 불리하다.

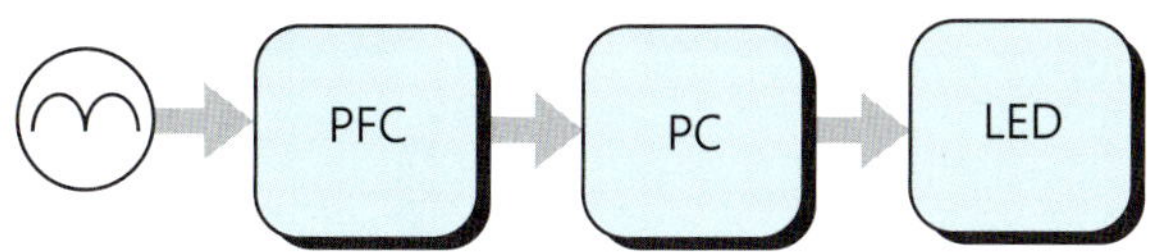

그림 9.5 독립적 동작을 하는 2단 LED 구동 회로

독립된 동작을 하는 다단 구조의 문제점을 해결하기 위하여, 제어회로를 통합하는 방법을 그림 9.6에서 볼 수 있다. 제어회로의 통합을 통하여 하드웨어 복잡도는 감소시켰지만, 두 개의 스위치가 이제는 같은 주파수와 같은 듀티로 동작해야 하기 때문에 효율의 저하가 불가피하여 둘째 단에다 그림 9.7과 같이 공진형 컨버터를 사용하기도 한다.

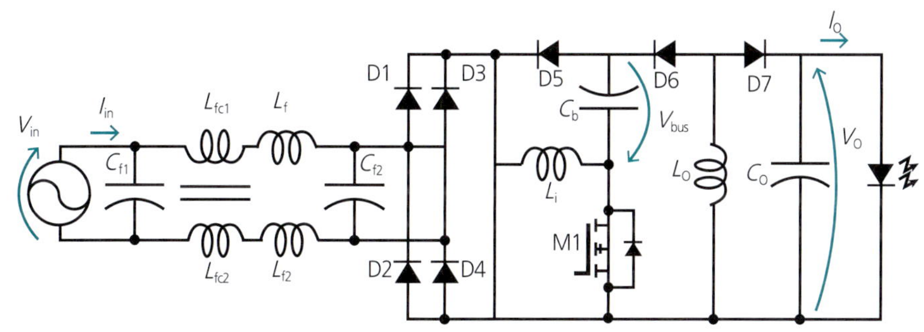

그림 9.6 통합된 이중 벅-부스터를 사용하는 LED 구동 회로

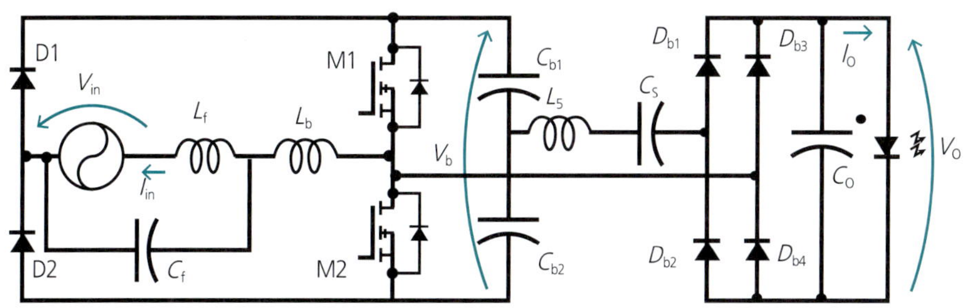

그림 9.7 공진형 컨버터를 사용하는 LED 구동 회로

다단 구조에서는 전력이 이중으로 처리되어 효율면에서 불리하다. 전력의 이중 처리를 감소시키는 방안으로서 그림 9.8과 같은 방식이 제안되었다. 이 방식에서는 PFC 출력이 LED에 전력의 상당 부분을 직접 공급하고, 부족한 부분만 전력 제어 역할을 하는 둘째 단이 공급한다. 이렇게 함으로써 전력의 이중 처리를 감소시킬 수 있다.

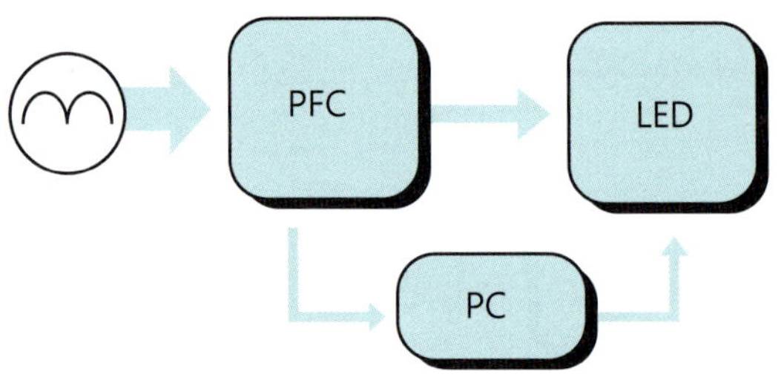

그림 9.8 전력의 이중 처리 감소 방안

참고 문헌

[9.1] Thermal Management of Cree®XLamp®LEDs, Cree Application Note

[9.2] P. Almeida, et. al..“Matching LED and Driver Life Spans,”IEEE Industrial Electronics Magazine, Jun, 2015.

LED 구동용 스위칭 레귤레이터

10-1 최대 전류 제어 방식
10-2 히스터레틱 제어 방식
10-3 상용 교류전원 급전 방식 LED 구동 회로
10-4 LLC 공진형 컨버터
10-5 AC 직접 구동
10-6 벅 컨버터 방식의 LED 구동 회로

10-1 최대 전류 제어 방식(PCC, Peak Current Control)

LED의 밝기를 제어하기 위하여 LED에 흐르는 전류를 감지해야 한다. 가장 널리 사용하는 전류 감지 방법은 감지할 전류가 흐르는 가지(branch)를 끊고 저항을 삽입하는 것이다. 이때 두 가지 문제가 발생한다. 첫째는 회로 동작이 삽입된 저항에 의하여 교란되는 것이다. 둘째는 삽입된 저항에 의한 전력 손실이다. 따라서 보통 작은 저항을 사용하여 두 가지 문제를 최소화한다. LED 구동회로의 경우에는 효율을 높이기 위하여 LED에 흐르는 최대 전류만 감지하는 방식이 널리 사용되고 있다.

LED 구동회로로서 흔히 사용되는 그림 10.1의 PCC 회로를 보면, 스위치가 닫힐 때 입력 전압과 LED에 걸리는 전압의 차이가 인덕터에 걸리게 되어 인덕터 전류가 시간에 따라 증가하고, 스위치가 열리면 인덕터에 흐르던 전류가 환류 다이오드를 통해 흐르므로, LED에 걸리는 전압이 인덕터에 걸리게 되는데 전압의 극성이 바뀌게 되므로 인덕터 전류는 시간에 따라 감소한다. 따라서 LED에 흐르는 전류의 최대 전류 초과 여부는 스위치에 흐르는 전류를 측정하여도 판단할 수 있으므로, PCC 방식에서는 전류 감지용 저항을 스위치와 직렬로 삽입한다. 그림 10.1(a)에서 보는 바와 같이 스위치를 전원 쪽에 달면 high-side 감지 방식이라 하고, 그림 10.1(b)처럼 접지 쪽에 달면 low-side 감지 방식이라 한다. High-side 감지 방식은 감지 회로가 고압에서 동작해야 하는 부담 때문에 low-side 감지 방식이 더 많이 사용되고 있다.

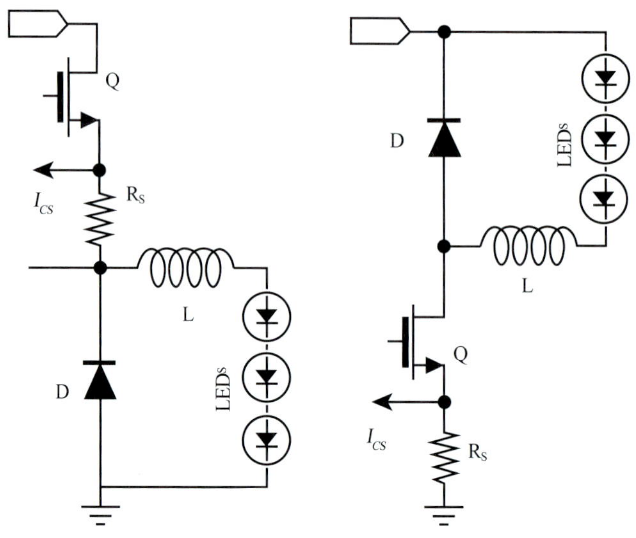

그림 10.1 (a) high-side 감지 방식 (b) low-side 감지 방식

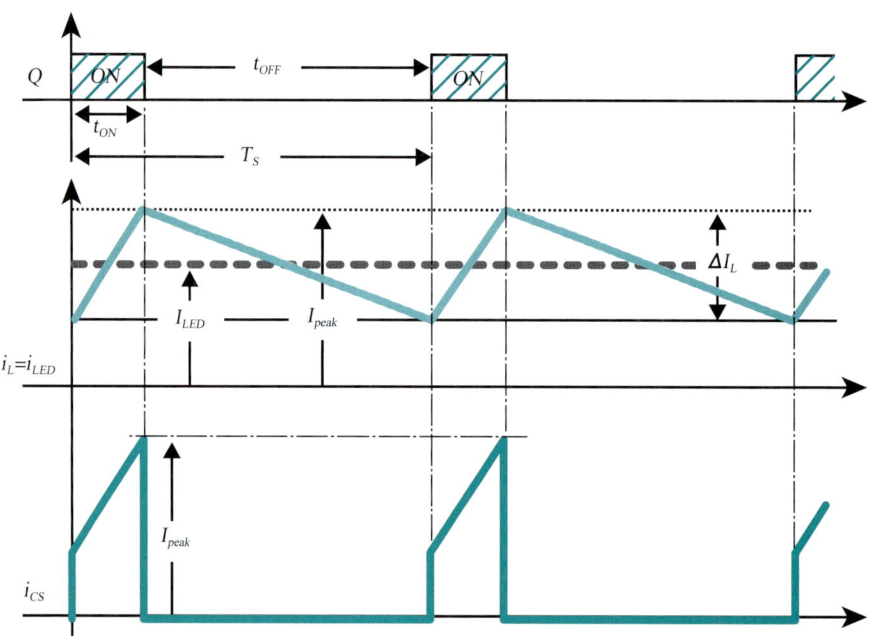

그림 10.2 스위칭에 따른 LED(인덕터) 전류와 감지 전류의 파형

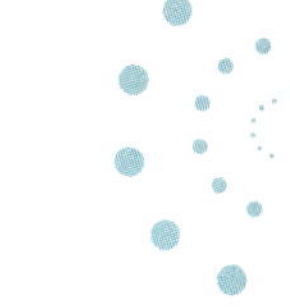

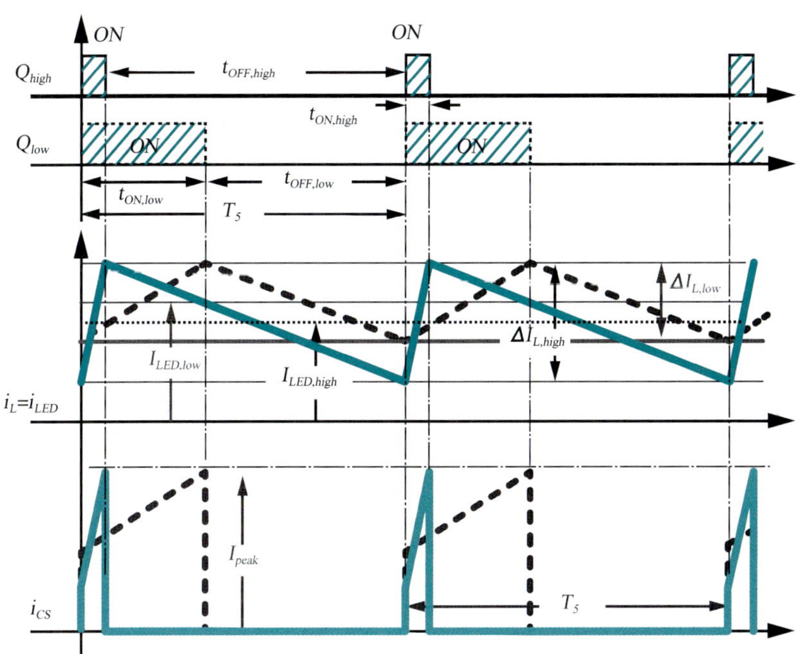

그림 10.3 스위칭에 따른 LED(인덕터) 전류와 감지 전류에 대한 파형

그림 10.2에서 보는 바와 같이 스위치와 직렬로 저항을 삽입하여 전류를 감지하는 PCC 방식은 스위치가 열릴 때 LED에 흐르는 전류를 감지할 수 없기 때문에 최대 전류만 정해진 값이 되도록 제어하는 방식으로 사용되며, 그 결과로 그림 10.3에서 보는 바와 같이 입력 전압이 높아지면 평균 전류가 낮아짐을 알 수 있다.

10-2 히스터레틱(Hysteretic) 제어 방식

최대 전류 제어 방식의 단점을 보완하기 위하여 LED에 흐르는 전류를 항상 감지함으로써 최대 전류와 최소 전류를 동시에 제어하면 평균 전류를 일정하게 만들 수 있다. 전류의 최솟값과 최댓값을 감지하기 위하여 히스테리시스가 있는 비교기를 사용할 수 있기 때문에 히스터레틱 제어 방식이라고 한다.

그림 10.4에서 보는 바와 같이 감지 저항을 인덕터 또는 LED와 직렬로 삽입하면 스위치의 개폐와 관계없이 항상 전류를 감지할 수 있다. 최대 전류와 최소 전류를 동시에 제어하면 그림 10.5에서 보는 바와 같이 입력 전압이 변할 때 스위칭 주파수는 변하지만, 평균

전류는 일정하게 유지됨을 볼 수 있다. 이러한 방식은 전류 감지 저항에 항상 전류가 흐르기 때문에 감지 저항에 의한 손실 때문에 최대 전류 제어 방식에 비하여 효율이 떨어진다는 단점이 있다.

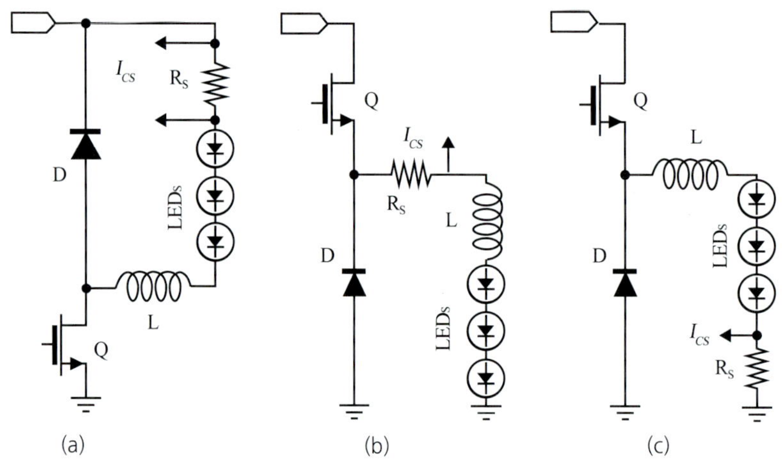

그림 10.4 히스터레틱 전류 제어 방식

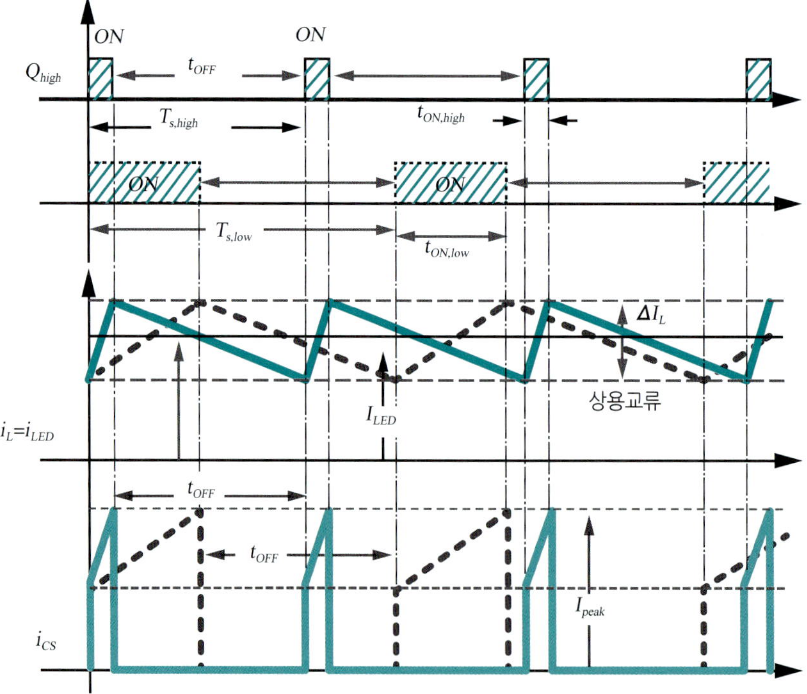

그림 10.5 히스터레틱 전류 제어 방식에서의 전류 파형

10-3 상용 교류전원 급전(給電) 방식 LED 구동회로

많은 LED 구동회로는 상용 교류 전원으로부터 전기 에너지를 공급받는다. 또한 조광 기능이 있으면 원하는 밝기를 얻을 수 있어 편리할 뿐 아니라 전력 소모를 줄일 수 있다. 상용 교류 전원을 사용하는 경우 그림 10.6과 같은 구조가 흔히 사용된다.

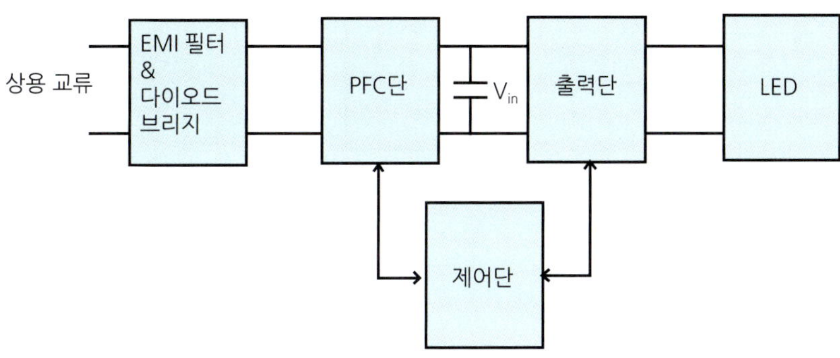

그림 10.6 상용 교류 입력 LED 구동회로 블록다이어그램

상용 교류 입력에는 전자파 방해를 억제하기 위한 필터가 연결되고, 이어서 전파 정류를 위한 다이오드 정류기를 거치게 된다. 7장에서 다룬 바와 같이 다이오드 정류기 출력에 커패시터를 달면 역률을 나쁘게 하므로, 역률을 교정하기 위한 회로가 들어가게 된다. PFC 단 출력에 신뢰도가 낮은 전해 커패시터를 사용하지 않도록 하기 위하여, 출력 단에 사용되는 컨버터가 PFC 출력 전압에 둔감한 특성을 갖도록 설계하는 것이 필요하다. 또한 경제성이 있는 구동회로를 만들기 위해서는 그림 10.7과 같이 PFC 단과 출력 단을 통합하는 것이 유리하다.

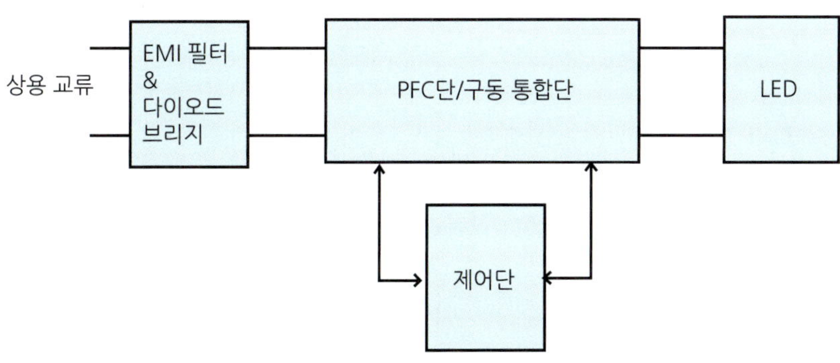

그림 10.7 PFC 단과 출력 단을 통합한 구조

출력 단에는 널리 사용되는 최대 전류 제어 방식인 그림 10.8과 같은 회로를 사용한다.

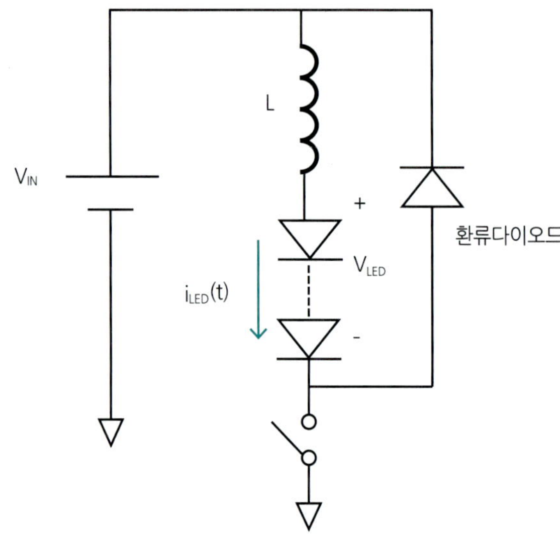

그림 10.8 최대 전류 제어 방식의 출력 단 회로

이 구동회로에서 스위치가 닫힐 때 LED에 흐르는 전류는 식 (10.1)과 같다.

$$i_{LED}(t) = i_0 + \frac{V_{IN} - V_{LED}}{L} t \ for \ 0 < t < T_{ON} \tag{10.1}$$

따라서 LED에 흐르는 최대 전류는 식 (10.2)와 같다.

$$i_{max} = i_{LED}(T_{ON}) = i_0 + \frac{V_{IN} - V_{LED}}{L} T_{ON} \tag{10.2}$$

스위치가 열린 상태에서 LED에 전류는 환류 다이오드의 전압 강하를 무시하면 식 (10.3)과 같다.

$$i_{LED}(t) = i_{max} - \frac{V_{LED}}{L}(t - T_{ON}) \ for \ T_{ON} < t < T_{ON} + T_{OFF} \tag{10.3}$$

여기에서 $T = T_{ON} + T_{OFF}$ 이다.

주기성에 의하여 정상 상태에서 LED 전류는 t=0에서 값과 t=T에서의 값이 식 (10.4)와 같이 일치해야 한다.

$$i_{LED}(T) = i_{max} - \frac{V_{LED}}{L} T_{OFF} = i_0 \tag{10.4}$$

식 (10.4)에서 주목할 점은 T_{OFF}가 LED의 최대 전류, i_{max}와 최소 전류, i_0를 연계시켜 준다는 점이다. 식 (10.4)에서 LED 전압인 V_{LED}는 전류에 따라 크게 변하지 않으므로, i_{max}, T_{OFF}, 인덕턴스 값이 정해지면 i_0도 정해진다는 것을 알 수 있다.

스위치에 흐르는 전류는 식 (10.5)와 같다.

$$\begin{aligned} i_{SW}(t) &= i_0 + \frac{V_{IN} - V_{LED}}{L} t \, for 0 < t < T_{ON} \\ &= 0 for T_{ON} < t < T_{ON} + T_{OFF} \end{aligned} \tag{10.5}$$

따라서 스위치 평균 전류는 식 (10.6)과 같다.

$$i_{SWavg} = \frac{i_0 + i_{max}}{2} \frac{T_{ON}}{T_{ON} + T_{OFF}} \tag{10.6}$$

여러 가지 제어 방법이 LED 구동에 사용될 수 있으나 여기에서는 최대 전류와 스위치가 닫혀 있는 시간인 T_{OFF}를 고정하는 방법을 채택한다. 식 (10.6)에서 최대 전류인 i_{max}와 T_{OFF}를 고정하면, 위에서 설명한 바와 같이 i_0도 정해지므로, 결국 LED에 흐르는 평균 전류가 제어된다.

따라서 LED의 밝기를 결정하는 평균 전류는 식 (10.7)과 같이 표현된다.

$$i_{LED.avg} = i_{max} - \frac{V_{LED}}{2L} T_{OFF} \tag{10.7}$$

한편 스위치가 닫혀 있는 시간인 TON은 식 (10.8)과 같이 표현된다.

$$T_{ON} = \frac{V_{LED}}{V_{IN} - V_{LED}} T_{OFF} \tag{10.8}$$

T_{OFF}는 고정되고, T_{ON}은 식 (10.8)에서 보는 바와 같이 입력 전압의 함수이기 때문에 입력 전압에 따라 스위칭 주파수가 변하게 된다. 스위칭 주파수는 식 (10.9)와 같이 나타낼 수 있다.

$$f = \frac{1}{T_{ON} + T_{OFF}} = \frac{V_{IN} - V_{LED}}{V_{IN} T_{OFF}} \tag{10.9}$$

따라서 듀티는 식 (10.10)으로 표현된다.

$$d = \frac{T_{ON}}{T_{ON} + T_{OFF}} = \frac{V_{LED}}{V_{IN}} \tag{10.10}$$

스위치에 흐르는 평균 전류는 식 (10.11)과 같이 다시 쓸 수 있다.

$$d = \frac{T_{ON}}{T_{ON} + T_{OFF}} = \frac{V_{LED}}{V_{IN}} \tag{10.11}$$

입력 단에서는 그림 10.9와 같은 플라이백 컨버터를 DCM에서 동작시킴으로써 역률교정 역할을 수행한다.

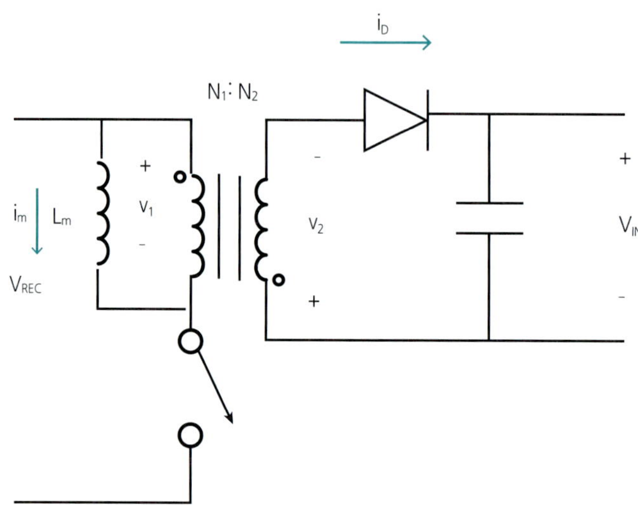

그림 10.9 입력 단으로 사용한 플라이백 컨버터의 회로도

자화 인덕턴스에 흐르는 전류는 식 (10.12)와 같이 쓸 수 있다.

$$\begin{aligned} i_m(t) &= \frac{V_P\,|\sin(\theta)|}{L_m}t \qquad for 0 < t < T_{ONF} \\ &= i_{mP} - \frac{N_1}{N_2}\frac{V_{IN}}{L_m}(t - T_{ONF}) \; for T_{ONF} < t < T_{ONF} + T_d \\ &= 0 \qquad for T_{ONF} + T_d < t < T_F \end{aligned} \tag{10.12}$$

식 (10.12)에서 최대 자화 전류는 식 (10.13)과 같이 쓸 수 있다.

$$i_{mP} = \frac{V_P\,|\sin(\theta)|}{L_m}T_{ONF} \tag{10.13}$$

변압기의 2차측 전류, 즉 다이오드에 흐르는 전류 i_D는 식 (10.14)와 같이 표현할 수 있다.

$$\begin{aligned} i_D(t) &= 0 \qquad for 0 < t < T_{ONF} \\ &= i_{mP}\frac{N_1}{N_2} - \frac{V_{IN}}{L_m}(t - T_{ONF}) \; for T_{ONF} < t < T_{ONF} + T_d \\ &= 0 \qquad for T_{ONF} + T_d < t < T_F \end{aligned} \tag{10.14}$$

또한 자화 제거 시간인 T_d는 식 (10.15)와 같이 나타낼 수 있다.

$$T_d = \frac{V_P |\sin(\theta)|}{V_{IN}} T_{ONF} \frac{N_2}{N_1} \tag{10.15}$$

평균 출력 전류는 식 (10.16)과 같이 구할 수 있다.

$$i_{Davg} = \frac{V_P |\sin(\theta)|}{2L_m} \frac{N_1}{N_2} T_{ONF} \frac{T_d}{T_F} \tag{10.16}$$

식 (10.15)와 식 (10.16)으로부터 평균 출력 전류는 식 (10.17)과 같이 다시 쓸 수 있다.

$$i_{Davg} = \frac{V_P^2 |\sin^2(\theta)|}{2L_m V_{IN}} \frac{T_{ONF}^2}{T_F} \tag{10.17}$$

입력 단과 출력 단을 결합한 전체 회로를 그림 10.10에서 볼 수 있다. 그러나 이 구조는 스위치가 2단으로 사용되어 가격 면에서 불리하다.

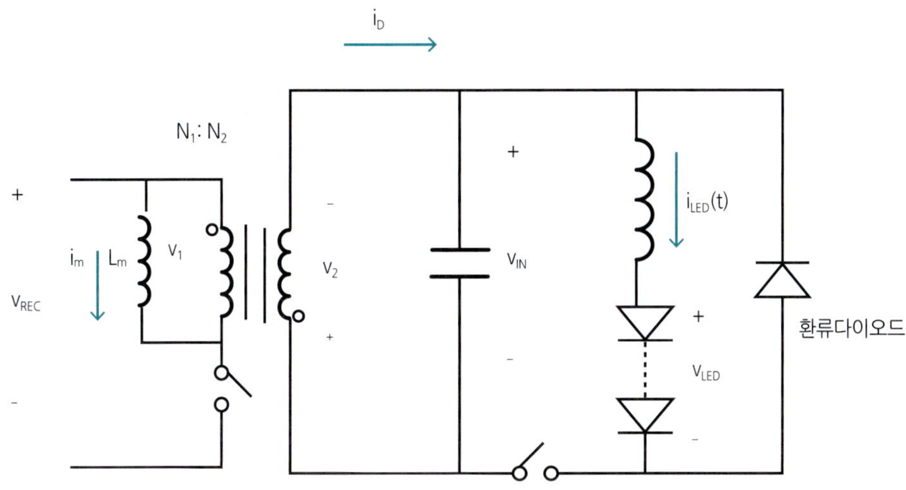

그림 10.10 입력 단과 출력 단을 결합한 전체 구동회로

그림 10.10에서 두 스위치의 주파수와 듀티를 같게 하면, 그림 10.11과 같이 다이오드 두 개를 사용하여 두 스위치를 결합함으로써 스위치를 하나로 줄일 수 있다.

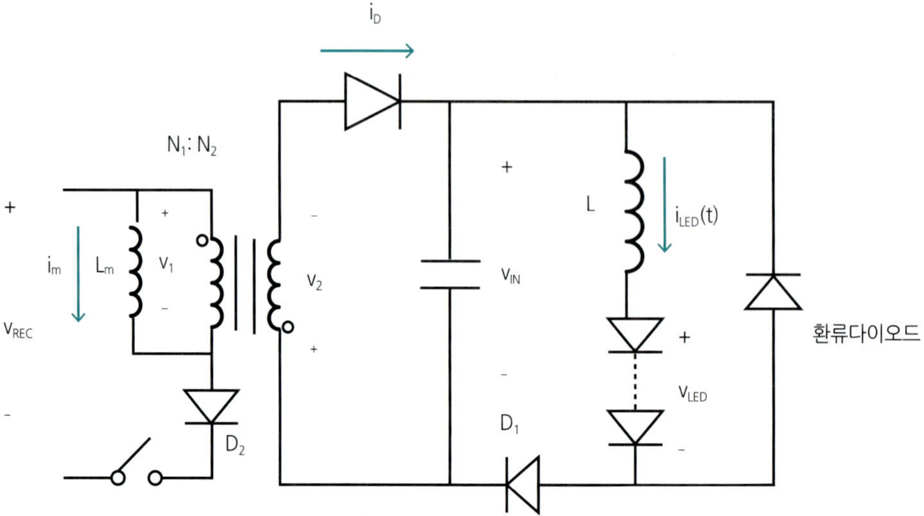

그림 10.11 두 개의 스위치를 하나로 통합한 구동회로

그림 10.12처럼 스위치를 다이오드와 병렬로 추가하면 조광기능을 구현할 수 있다.

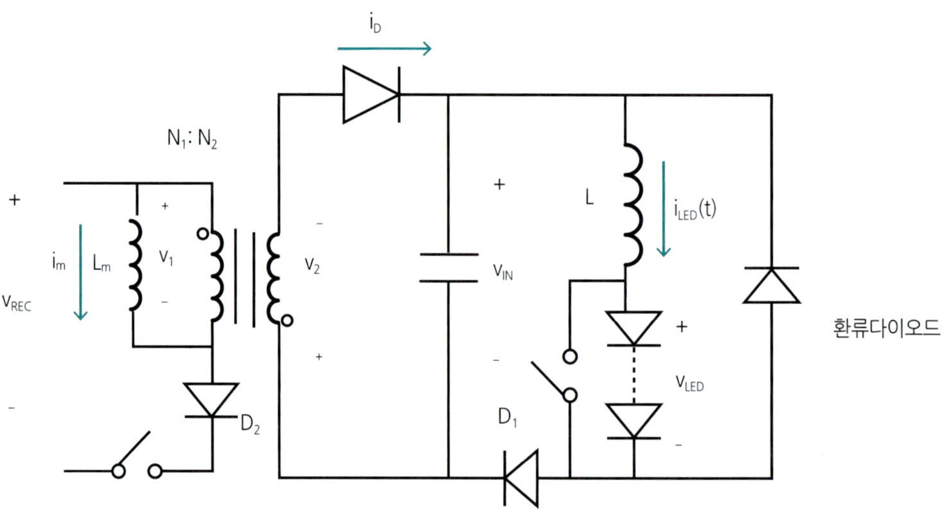

그림 10.12 디밍 기능을 추가한 구동 회로

10-4 LLC 공진형 컨버터

스위치 모드 전원의 전력 밀도를 증가시키려는 노력은 수동 소자의 크기에 의하여 제한되고 있다. 스위칭 주파수를 높이면 필터나 변압기 등의 수동 소자의 크기를 줄일 수 있다. 그러나 스위칭 손실이 주파수에 비례하기 때문에 효율을 떨어뜨리는 문제가 발생한다. 스위칭 손실을 줄이는 방법으로서 공진형 컨버터 기술이 개발되어 왔다. 이러한 컨버터에서는 정현파적으로 파형을 다루어 스위칭 손실과 잡음을 감소시킬 수 있다.

여러 종류의 공진형 컨버터 중에서 가장 간단하고 널리 쓰이는 방식이 그림 10.13에서 보는 LLC 공진 컨버터이다. LLC 공진 컨버터는 스위칭 주파수를 크게 변화시키지 않고 입력 전압과 부하의 변동에 대하여 출력 전압을 안정시킬 수 있다. 또한 전체 동작 구간에서 영전압 스위칭(ZVS)을 구현한다. LLC 공진 컨버터에서는 반도체 소자의 접합 커패시턴스와 변압기의 누설 및 자하 인덕턴스와 같은 기생 회로 성분을 소프트 스위칭을 구현하는 데 이용한다.

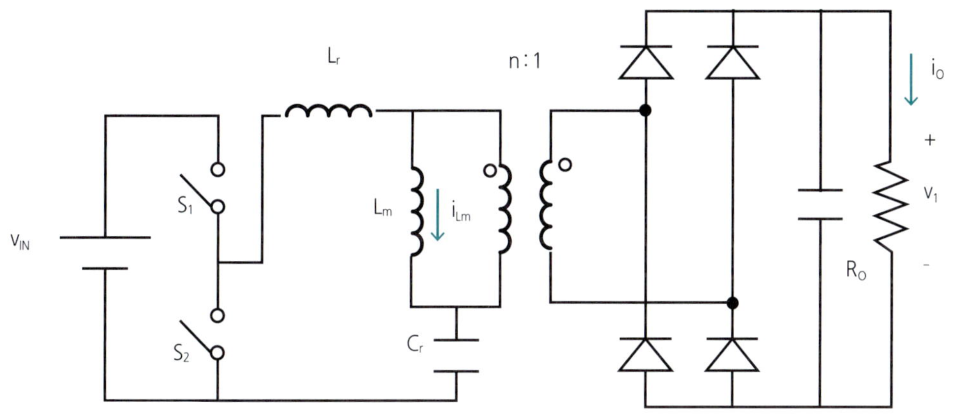

그림 10.13 하프-브리지 LLC 공진형 컨버터

LLC 공진 컨버터는 세 부분으로 구성되어 있다. 입력 단은 S_1과 S_2를 구동하여 50% 듀티의 구형 전압파를 발생시킨다. 연속되는 전압 천이 사이에 짧은 데드타임(dead time)을 둔다. 입력 단은 하프-브리지 또는 풀-브리지로 구현할 수 있다.

공진 단은 커패시터와 변압기의 누설 및 자화 인덕턴스로 구성된다. 공진 단은 입력 구형파의 고조파를 제거하여 기본파로 동작시키는 역할을 한다. 공진 단에서는 그림 10.14에서 보는 바와 같이 전류의 위상이 전압 위상에 뒤지게 되어 MOSFET이 0 V에서 켜지게 한다.

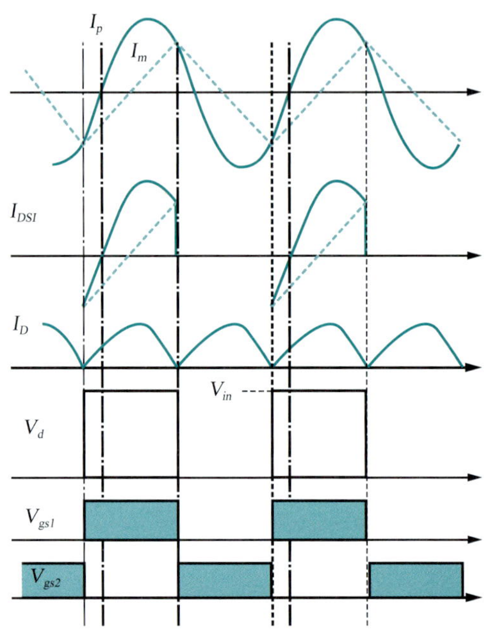

그림 10.14 하프-브리지 LLC 컨버터의 주요 파형

정류 단은 교류를 정류하여 직류를 만드는 기능을 담당하며, 브리지 정류기 또는 중간 탭을 가진 변압기를 사용하여 전파 정류를 수행한다. 공진 단의 공진 작용 때문에 기본파만 전력 전달에 기여하고, 정류 기능 때문에 등가 부하 저항값이 달라지는 것을 고려하여 그림 10.15에 보인 방법에 따라 등가 저항 값을 유도할 수 있다.

1차측은 식 (10.18)과 같이 기본파로 대치할 수 있고, 정류기 입력에는 식 (10.19)와 같이 구형파 전압이 걸린다고 볼 수 있다

$$I_{ac} = \frac{\pi I_o}{2} \sin(\omega t) \tag{10.18}$$

$$\begin{aligned} V_{RI} &= + V_o \ if \ \sin(\omega t) > 0 \\ V_{RI} &= - V_o \ if \ \sin(\omega t) < 0 \end{aligned} \tag{10.19}$$

V_{RI}의 기본파 성분은 식 (10.20)과 같다.

$$V_{RI}^F = \frac{4V_o}{\pi}\sin(\omega t) \tag{10.20}$$

기본파만 전력 전달에 관련되므로 등가저항은 식 (10.21)과 같이 나타낼 수 있다.

$$R_{ac} = \frac{V_{RI}^F}{I_{ac}} = \frac{8}{\pi^2}\frac{V_o}{I_o} = \frac{8}{\pi^2}R_o \tag{10.21}$$

변입기의 권선비가 n(N_p/N_S)이라면 1차측에서 본 등가 부하 저항은 식 (10.22)와 같다.

$$R_{ac} = \frac{8n^2}{\pi^2}R_o \tag{10.22}$$

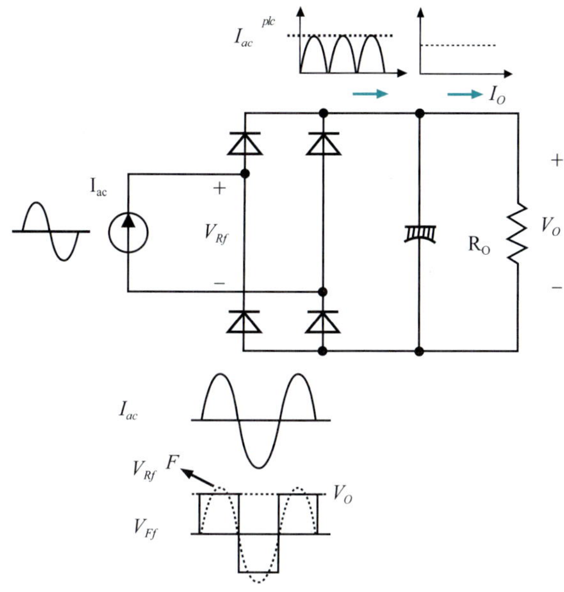

그림 10.15 등가 부하 저항의 유도

등가 부하 저항을 이용하여 LLC 컨버터는 그림 10.16처럼 등가회로로 나타낼 수 있다.

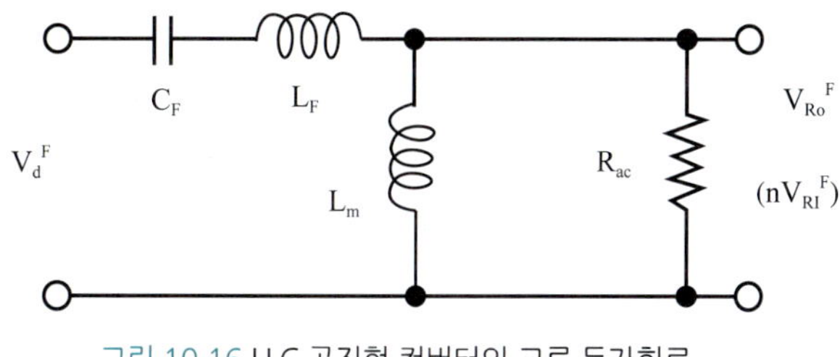

그림 10.16 LLC 공진형 컨버터의 교류 등가회로

그림 10.16의 등가회로에 대한 해석을 통하여 전달 함수를 구하면 식 (10.23)과 같다.

$$M \equiv \frac{V_{RO}^F}{V_d^F} = \left| \frac{\left(\frac{\omega}{\omega_0}\right)^2 (m-1)}{\left(\frac{\omega^2}{\omega_p^2} - 1\right) + j\frac{\omega}{\omega_p}\left(\frac{\omega^2}{\omega_p^2} - 1\right)(m-1)Q} \right| \quad (10.23)$$

여기에서 $L_p = L_m + L_r, R_{ac} = \frac{8n^2}{\pi^2}, m = \frac{L_p}{L_r}, Q = \sqrt{\frac{L_r}{C_r}}\frac{1}{R_{ac}}, \omega_0 = \frac{1}{\sqrt{L_r C_r}}, \omega_p = \frac{1}{\sqrt{L_p C_r}}$

식 (10.23)을 m=3, f_0=100 kHz, f_p=56 kHz인 경우에 대하여 그리면 그림 10.17과 같다. 그림 10.17에서 볼 수 있는 바와 같이 최대 이득은 두 공진주파수 사이에서 발생한다. 부하 저항이 증가하면 Q가 감소하여 최대 이득이 발생하는 주파수가 f_p를 향하여 이동하면서 이득의 크기도 커진다.

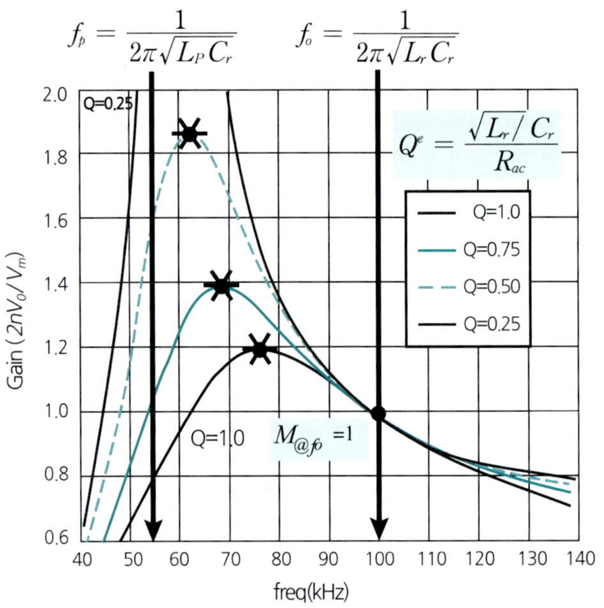

그림 10.17 LLC 컨버터의 이득 곡선

실제로는 직렬 인덕턴스, L_r을 변압기의 누설 인덕턴스를 이용하여 구현한다. 그러한 집적화된 변압기를 사용하는 경우 1차 권선과 1차 권선의 누설 인덕턴스를 고려하면 변압기의 등가회로가 그림 10.18과 같이 수정된다.

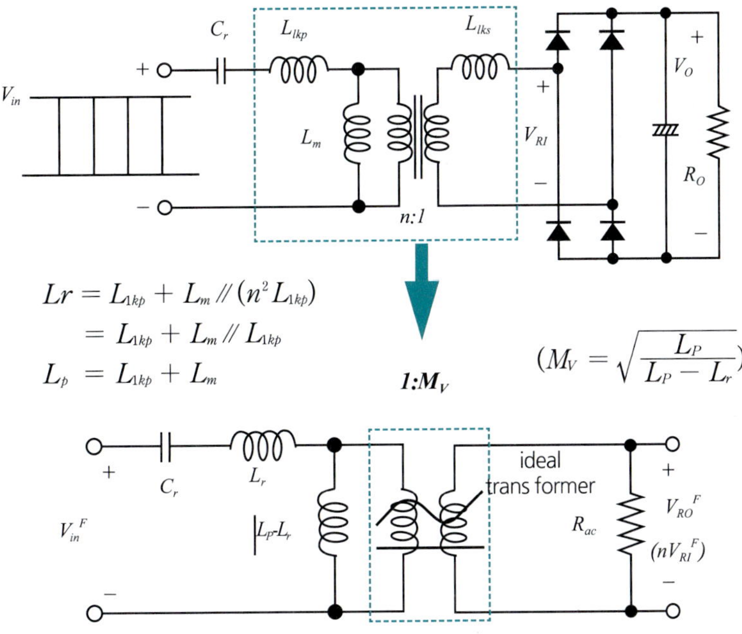

그림 10.18 집적화된 변압기의 등가회로

그림 10.18의 등가회로를 적용하면 전달 함수는 식 (10.24)와 같다.

$$M \equiv \frac{V_{RD}^F}{V_d^F} = \left| \frac{\left(\frac{\omega}{\omega_0}\right)^2 \sqrt{m(m-1)}}{\left(\frac{\omega^2}{\omega_p^2} - 1\right) + j\frac{\omega}{\omega_0}\left(\frac{\omega^2}{\omega_0^2} - 1\right)(m-1)Q^e} \right| \tag{10.24}$$

여기에서 $R_{ac}^e = \frac{8n^2}{\pi^2}\frac{R_o}{M_V^2}, m = \frac{L_p}{L_r}, Q = \sqrt{\frac{L_r}{C_r}}\frac{1}{R_{ac}^e}, \omega_0 = \frac{1}{\sqrt{L_r C_r}}, \omega_p = \frac{1}{\sqrt{L_p C_r}}$

공진주파수에서 w_0에서 이득은 식 (10.25)와 같다.

$$M = M_V = \sqrt{\frac{L_P}{L_P - L_r}} = \sqrt{\frac{m}{m-1}} \tag{10.25}$$

집적화된 변압기를 사용하는 경우의 이득을 그리면 그림 10.19와 같다.

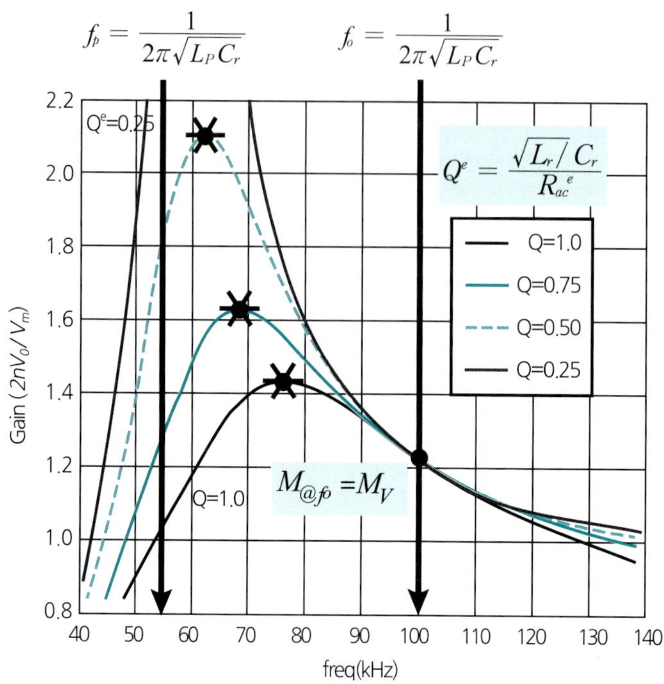

그림 10.19 집적화된 변압기를 사용하는 경우 LLC 컨버터의 이득

LLC 컨버터는 그림 10.20에서 보는 바와 같이 f_0보다 낮은 주파수 또는 f_0보다 낮은 주파수에서 동작시킬 수 있다. 그림 10.21은 두 경우에 대한 주요 파형을 보여 주고 있다.

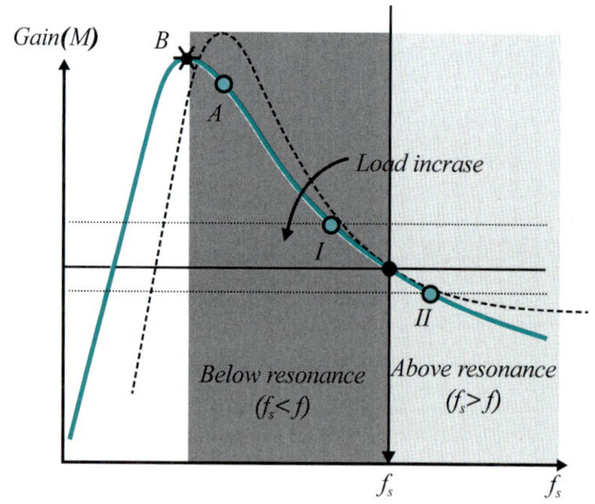

그림 10.20 m=3일 때의 LLC 컨버터의 이득 곡선

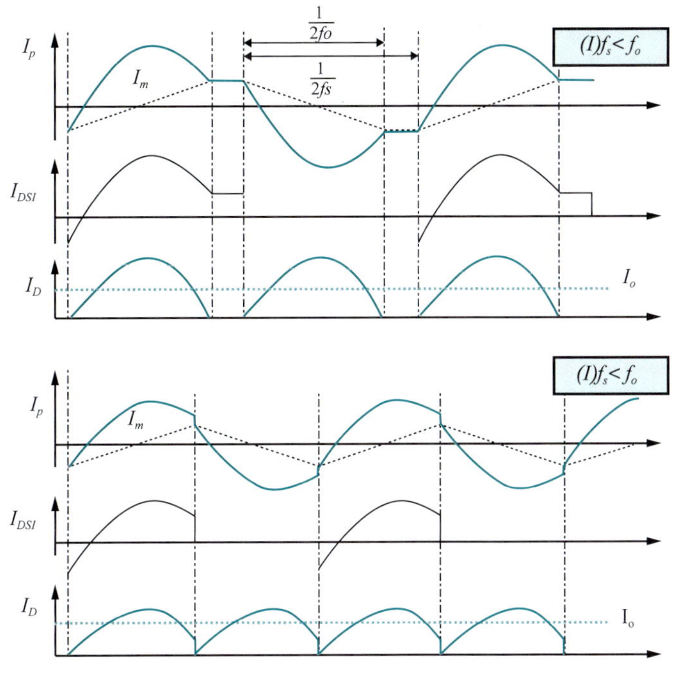

그림 10.21 동작 모드에 따른 주요 파형

스위칭 주파수가 공진 주파수보다 낮은 경우 정류 다이오드의 소프트 스위칭이 가능한 반면에 공진 주파수에서 멀어질수록 순환 전류가 크다. 스위칭 주파수가 공진 주파수보다 높은 경우 순환 전류는 최소화할 수 있지만, 정류 다이오드에서 소프트 스위칭이 일어나지 않는다. 공진 주파수 이하에서 동작시키면 정류 다이오드 역방향 바이어스 회복 손실이 크고, 고전압 출력이 필요한 경우에 많이 사용된다. 부하 변동에 대하여 스위칭 주파수 변화도 작다.

반면에 공진 주파수 이상에서 동작시키면 전도성 손실이 줄어서, 낮은 출력 전압의 경우 효율을 개선할 수 있다. 이 경우에는 2차측의 정류 다이오드에 쇼트키 다이오드를 사용하여 역방향 바이어스 회복도 별로 문제가 되지 않게 할 수 있다. 그러나 공진 주파수 이상의 동작에서는 경부하에서 스위칭 주파수가 너무 높아질 수 있다.

공진회로는 그림 10.22에서 보는 바와 같이 공진 주파수 이상에서는 유도성이 되어, 전류가 전압보다 위상이 뒤지게 되므로 MOSFET의 ZVS가 가능하다. 용량성 영역에서 동작하면 MOSFET의 바디 다이오드가 스위칭되면서 잡음 문제를 야기한다. 또 하나의 문제는 이득의 경사가 바뀌어 출력 전압의 제어가 어려워지기 때문에 최대 이득 주파수 이상에서 동작시키도록 해야 한다.

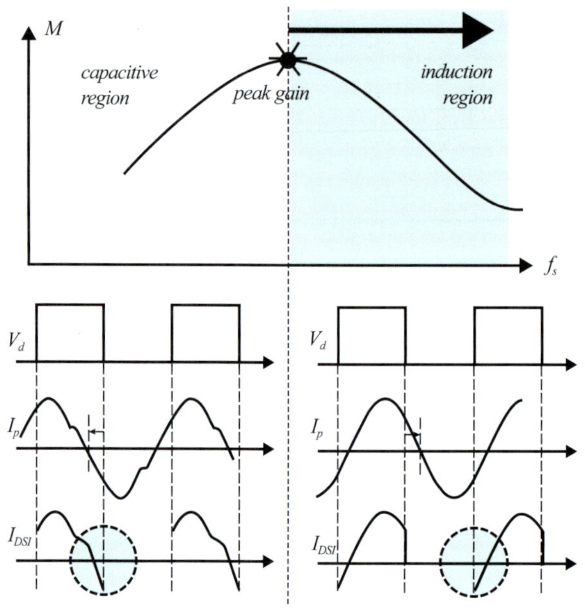

그림 10.22 용량성 또는 유도성 영역에서의 동작 파형

10-5 AC 직접 구동

LED를 그림 10.23과 같이 다른 부가회로 없이 직접 교류로 구동하는 방식은 양산성과 역률 등 여러 가지 기술적인 문제에도 불구하고, 저가격, 고신뢰도의 장점 때문에 관심을 끌고 있다.

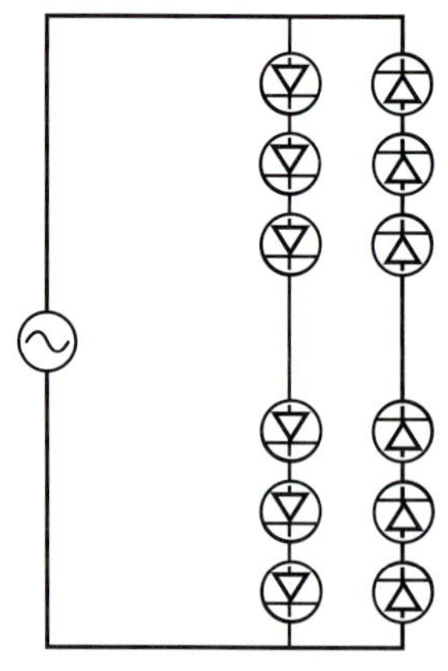
그림 10.23 교류 직접 구동 방식

그림 10.24는 이러한 문제점을 크게 개선하기 위하여 최근에 제안된 방식을 보여 주고 있다.

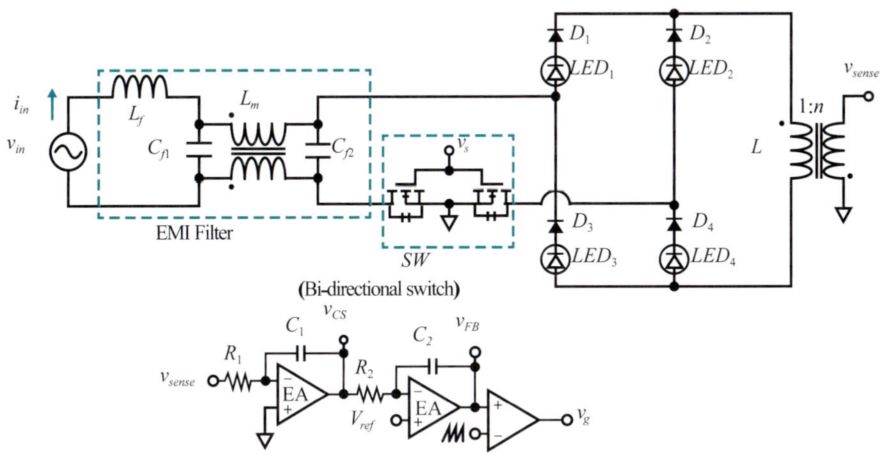

그림 10.24 양방향 스위치와 스위치 제어를 이용한 교류 직접 구동 방식

이 방식에서는 직렬 연결된 네 개의 LED 줄이 순차적으로 양방향 스위치를 통하여 전류를 공급받는다. 부하 인덕터는 브리지 전류를 제한한다. 부하 전류는 Vsense 코일을 통하여 감지되어 스위치 제어회로에 인가된다. 스위치는 주파수 fs, 듀티 D로 구동되어 부하 전류를 제어한다.

그림 10.25는 세 가지 모드를 보여 주고 있고, 그림 10.26은 한 스위칭 주기에 대하여 전압 전류 파형을 보여 주고 있다. 초기 부하 전류를 0으로 가정하고, 스위칭 주파수가 상용 교류 전원 주파수보다 충분히 높으므로, 입력 전압 $v_{in}(t)$가 스위칭 한 주기 동안에 일정하다고 가정한다. $t_0 < t < t_1$ 구간에서는 $t = t_0$에 스위치가 켜진다. $v_{in}(t)$가 LED 온 전압 2배보다 크면 LED_1과 LED_4가 켜진다. 이 때 부하 전류는 식 (10.26)과 같다.

$$i_L(t) = \frac{(v_{in} - 2V_F)}{L}(t - t_0) \tag{10.26}$$

여기에서 V_F과는 LED 한 줄의 턴온 전압이다.

모드 1은 $t = t_1$에 스위치가 꺼지면서 종료된다.

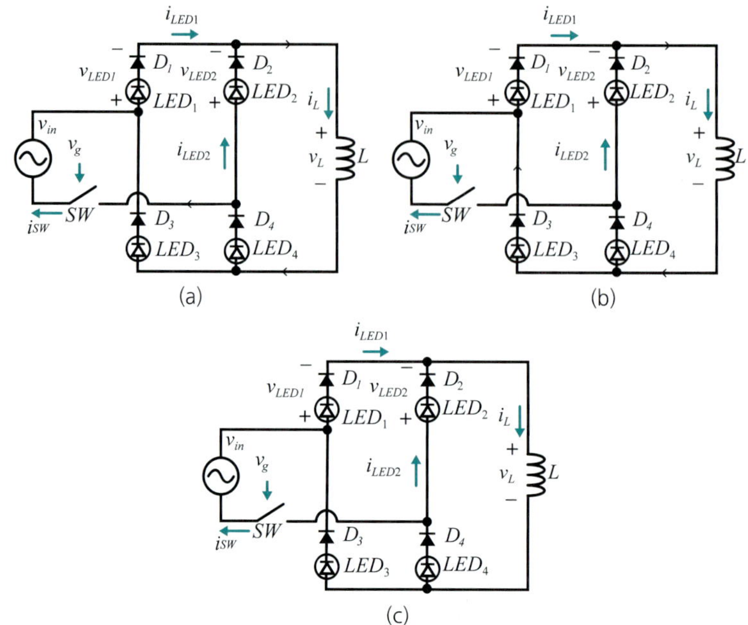

그림 10.25 동작 모드 (a) 모드 1 ($t_0 < t < t_1$) (b) 모드 2 ($t_1 < t < t_2$) (c) 모드 3 ($t_2 < t < t_3$)

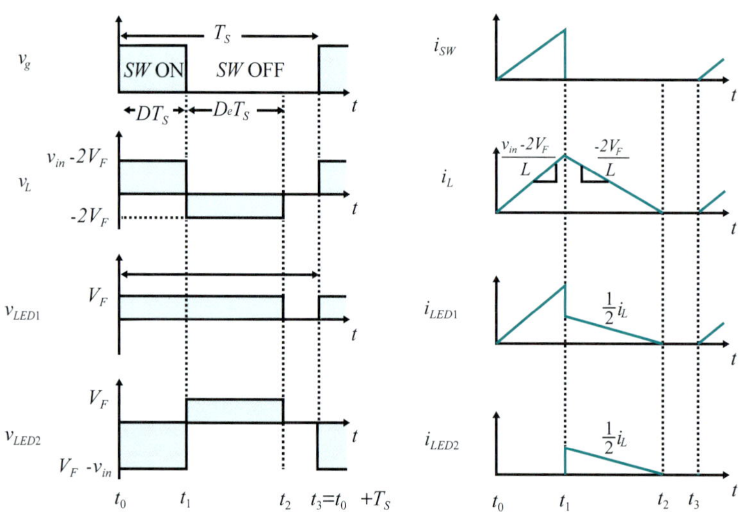

10.26 스위칭 한 주기 내의 전압과 전류 파형

$t_1 < t < t_2$ 구간에서는 스위치가 꺼진다. $v_{in}(t)$가 LED 온 전압 2배보다 크면 LED_1과 LED_4가 켜진다. 이 때 부하 전류는 식 (10.27)과 같다.

$$i_L(t_1) = \frac{(v_{\in} - 2V_F)}{L} DT_S \quad (10.27)$$

여기에서 $D=(t_1-t_0)/T_S$이다.

전류는 LED_3와 LED_1, LED_4와 LED_2에 두 경로를 통해 흐른다. 인덕터에 걸리는 전압은 $-2V_F$이다. $i_L(t)$은 $-2V_F/L$의 기울기를 가지고 감소하며, $i_L(t)$가 $t=t_1$에서 연속이어야 하기 때문에 식 (10.28)처럼 쓸 수 있다.

$$i_L(t)=i_L(t_1)-\frac{2V_F}{L}(t-t_1)=\frac{v_{\in}-2V_F}{L}DT_S-\frac{2V_F}{L}(t-t_1) \qquad (10.28)$$

모드 2는 $t=t_2$에서 종료된다.

따라서 $t_2-t_1=\frac{v_{\in}-2V_F}{L}DTs$

$t_2<t<t3$ 구간에서 스위치가 꺼져 있고 $i_L(t)=0$이다. 따라서 모드 3에서는 모든 LED가 꺼져 있다. 이 모드는 $t=t_2$에서 회로의 신뢰성있는 동작을 위하여 둔다. 이 모드가 없으면 $i_L(t)$이 0이 아니기 때문에 D_2와 LED_2가 다음 스위칭 주기에 완전히 꺼지기 전에 스위치가 켜진다. 그렇게 되면 입력은 일시적으로 단락이 되고, 큰 전류가 $v_{in}-LED_1-D_1-D_2-LED_2-$SW에 흐르게 되어 회로가 파괴될 수 있다. 입력 전압의 최댓값이 실효치의 1.4142배이므로, 신뢰성있는 동작을 위하여 허용되는 듀티 D의 최댓값은 식 (10.29)에 의하여 정해진다.

$$D\le D_{MAX}=\frac{\sqrt{2}\,V_F}{V_{in,\mathrm{rms}}} \qquad (10.29)$$

음의 반주기에 대해서도, 모드 1에서 LED_1과 LED_4는 꺼지고 LED_2과 LED_3가 켜진다는 점을 제외하면 같은 동작을 한다.

제어회로는 입력 전압이 변하여도 출력 전력이 일정하도록 전류 모드 궤환을 사용한다. vsense 코일의 출력 전압은 식 (10.30)과 같다.

$$v_{sense}(t)=-nv_L(t) \qquad (10.30)$$

여기에서 n은 권선비이다.

$i_L(t_0)$가 0이기 때문에 인덕터의 기본 관계를 이용하여 식 (10.31)을 쓸 수 있다.

$$v_{CS}(t)=\frac{n}{R_1C_1}\int_0^t v_L(t)dt=\frac{nL}{R_1C_1}[i_{L,avg}+\Delta i_L(t)] \qquad (10.31)$$

여기에서 $i_{L,avg}$는 인덕터 전류의 평균이고, $\Delta i_{L,avg}$는 인덕터의 리플전류이다.

두 번째 적분기는 궤환신호를 식 (10.32)와 같이 발생시킨다.

$$v_{FB}(t) = V_{ref} + \Delta V_{FB} - \frac{t}{R_2 C_2}\left(\frac{nL}{R_1 C_1} i_{L,avg} - V_{ref}\right) \tag{10.32}$$

여기에서 ΔV_{FB}는 원하는 D 값을 만들기 위하여 조절된 C_2의 초기 전압이다.

식 (10.32)의 세 번째항은 식 (10.33)이 성립되도록 부궤환을 걸어 주기 위하여 D를 조절한다.

$$i_{L,avg} = \frac{R_1 C_1 V_{ref}}{nL} \tag{10.33}$$

LED의 전력 소모는 식 (10.34)와 같이 입력 전압과 무관하게 결정된다.

$$P = \frac{2R_1 C_1 V_F V_{ref}}{nL} \tag{10.34}$$

식 (10.34)에서 보는 바와 같이 R_1이나 V_{ref}를 조절하여 조광을 할 수 있음을 알 수 있다.

10-6 벅 컨버터 방식의 LED 구동 회로

간단한 LED 구동회로로서 다음과 같은 설계 조건으로 벅 컨버터 방식 LED 구동회로를 설계해 보자.

입력 전압 : 6 V
궤환 전압(V_{fb1}) : 0.5 V
LED 특성 : 50 mA 전류에서 2.5 V
스위칭 주파수 : 100 kHz

출력 전압은 궤환 전압을 합하여 3 V이므로, 듀티 D는 식 (10.35)와 같다.

$$D = \frac{V_{out}}{V_{in}} = 0.5 \tag{10.35}$$

벅 컨버터의 경우 연속 전류모드로 동작 시 인덕터 리플 전류의 크기는 식 (10.36)과 같으며, 인덕터 리플 전류를 LED 전류의 50%로 잡으면 25 mA가 된다.

$$\Delta i_L = \frac{V_{in} D(1-D)}{f_s L} = \frac{6(0.5)(0.5)}{(100K)L} = 25m \tag{10.36}$$

식 (10.36)으로부터 필요한 인덕턴스값을 계산하면 600 mH이다. 실제 구현 시 인덕턴스값은 660 μH를 사용한다.

출력 전압의 리플은 식 (10.37)에 의해 주어진다.

$$\Delta v_{out} = \frac{V_{out}(1 - D)}{8f_s^2 LC} \tag{10.37}$$

리플 전압의 크기를 출력 전압의 0.5%(15 mV)로 하면 식 (10.38)로부터 C 값을 구할 수 있다.

$$C = \frac{V_{out}(1 - D)}{8f_s^2 L\Delta v_{out}} = 1893\,nF \tag{10.38}$$

실제 구현 시 커패시턴스값은 2μF를 사용한다. 전류 감지 저항값은 식 (10.39)와 같이 정해진다.

$$R_{sen} = \frac{V_{fb1}}{I_{LED}} = \frac{0.5}{50m} = 10\Omega \tag{10.39}$$

지금까지 결정된 조건은 다음과 같다.

L=660μH, C=2μF, f_s=100 kHz, f_0=4380 Hz, R_{sen}=10 Ω

부궤환 제어를 위하여 그림 10.27에 있는 회로를 사용하며, 제어 루프 회로 설계를 위한 파라미터는 식 (10.40)과 같다.

$$H = \frac{V_{REF}}{V_{out}} = \frac{0.4}{3} = 0.133 \tag{10.40}$$

$$G_{d0} = \frac{V_{out}}{D} = \frac{3}{0.5} = 6$$

$$T_{u0} = \frac{H}{V_M} G_{d0} = 0.8$$

스위칭 주파수에서 보상회로의 이득이 너무 크면 PWM 변조기 동작에 영향을 받을 수 있으므로, 교차 주파수를 스위칭 주파수의 10%로 정한다.

$$f_c = 10kHz$$

위상 마진을 50도로 하면 영점 주파수는 식 (10.41), 극점 주파수는 식 (10.42)와 같다.

$$f_z = f_c\sqrt{\frac{1 - \sin(\theta)}{1 + \sin(\theta)}} = 3639Hz \tag{10.41}$$

$$f_p = f_c\sqrt{\frac{1 + \sin(\theta)}{1 - \sin(\theta)}} = 27474Hz \tag{10.42}$$

f_L은 f_C의 10%인 1 KHz로 정한다.

이상의 조건과 식 (10.43)을 사용하여 부품값을 정할 수 있다.

$$G_{co}H = \frac{R_3}{R_1 + R_2} \tag{10.43}$$
$$f_z = \frac{1}{2\pi R_2 C_2}$$
$$f_L = \frac{1}{2\pi R_3 C_3}$$
$$f_p = \frac{1}{2\pi (R_1 || R_2) C_2}$$
$$G_{c0} = \left(\frac{f_c}{f_0}\right)^2 \frac{1}{T_{u0}} \sqrt{\frac{f_z}{f_p}} = 2.37$$
$$V_{REF} = \frac{R_4}{R_1 + R_2 + R_4} V_{fb1}$$

정해진 부품값은 다음과 같다.

$R_2 = 2\,K\Omega, C_2 = 21.8\,nF, R_1 = 305\,\Omega, R_3 = 728\,\Omega, C_3 = 218\,nF, R_4 = 9221\,\Omega$

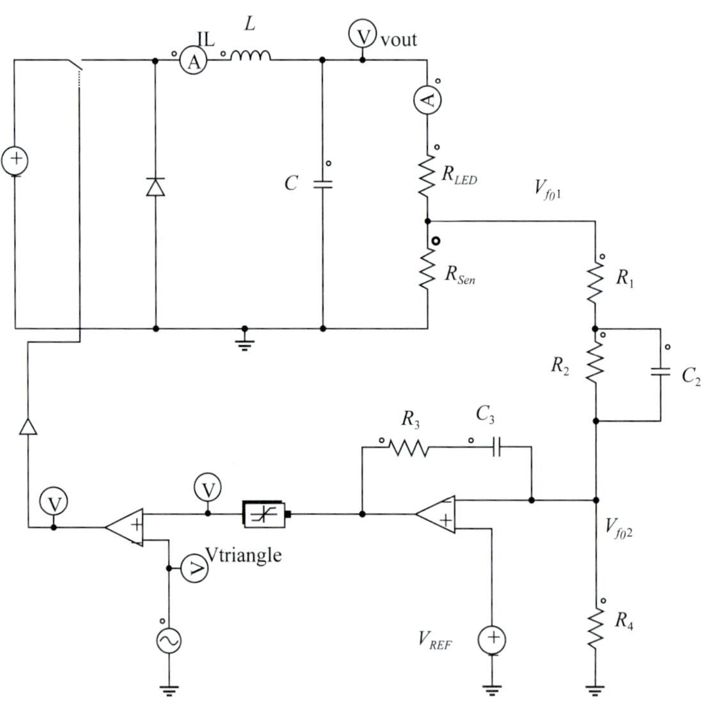

그림 10.27 벅 구동회로의 부궤환 제어회로

최종 설계 결과는 표 10.1과 같다.

표 10.1 설계된 회로의 부품 정수

Compensation

Buck converter

input voltage(V)	6	output V	3	H (Vref/Vout)	0.133333333	R1	305.4072893
current ripple(%)	50	duty	0.5	Gd0 (Vout/D)	6	R2	2000
voltage ripple(%)	0.5	L (uH)	600	Tu0((H/VM)*Gd0)	0.8	C2(nF)	21.86373062
LED array(n)	1	C (nF)	2083.333333	fo(Hz)	4380.595635	R3	728.7791643
LED forward voltage(V)	2.5	1st L selection		fc : 0dB (Hz)	10000	C3(nF)	218.3856933
LED operation current(mA)	50	L (uF)	660	phase margin(℃)	50	R4	9221.629157
1st sensing voltage(V)	0.5	C (nF)	1893.939394	fz(Hz)	3639.702343		
2st sensing voltage(V)	0.4	2st C selection		fp(Hz)	27474.77419		
switching frequency(kHz)	100	L (uH)	660	fL(Hz) : fc / 10	1000		
saw peak : V_M	1	C (nF)	2000			LED R	50
sensing path current: (1/n)	1000	current ripple(mA)	22.72727273	Gc0	2.370879869	Sensing R	10
		voltage ripple (mV)	15.625				

인덕터 전류와 출력 전압에 대한 시뮬레이션 파형은 그림 10.28에서 볼 수 있다.

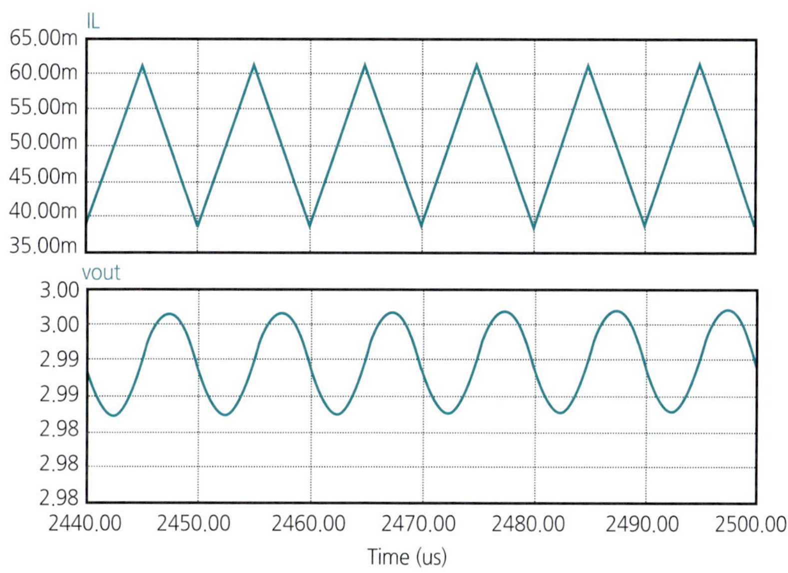

그림 10.28 인덕터 전류와 출력 전압 파형에 대한 시뮬레이션 결과

그림 10.29와 그림 10.30은 각각 측정된 스위치 구동 파형과 측정된 인덕터 전류 파형을 보여 주고 있다.

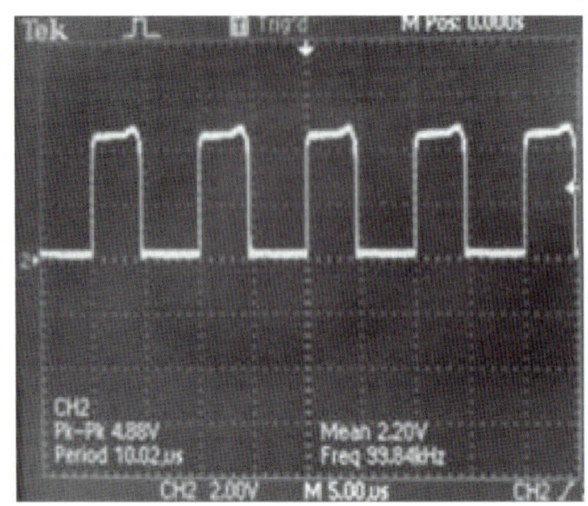

그림 10.29 측정된 스위치 구동 파형

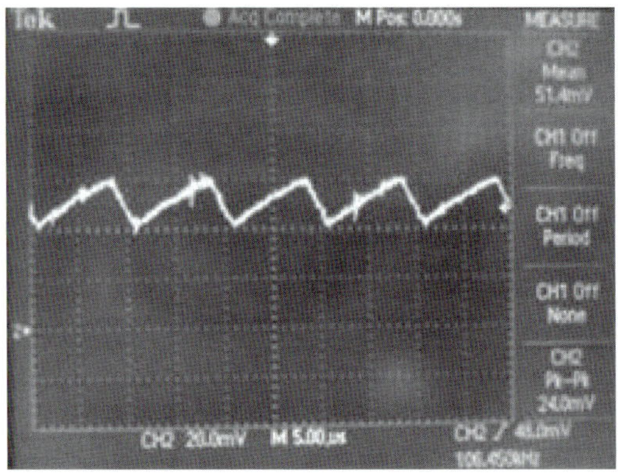

그림 10.30 측정된 인덕터 전류 파형

그림 10.31은 측정된 출력 전압 리플을 보여 주고 있다.

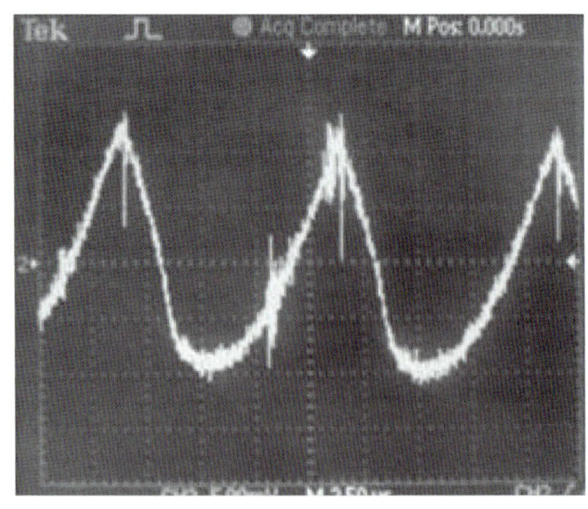

그림 10.31 측정된 출력 전압 리플

참고 문헌

[10.1] I. Oh,"An analysis of current accuracies in peak and hysteretic current controlled power LED drivers,"APEC 2008, pp. 572-577, 2008.

[10.2] J. Garcia, A. Calleja, E. Corominas, D. Gacio, L. Campa, R. Diaz, "Integrated driver for power LEDs,"IECON 2010, pp. 2578-2583, 2010.

[10.3] Half-bridge LLC Resonant Converter Design Using FSFR-Series Fairchild Power Switch (FPSTM), AN-4151, Fairchild Semiconductor, 2007.

[10.4] Y. Chung, K. Lee, H, Choe, C. Sung, and B. Kang,"Low-cost drive circuit for Ac-direct LED lamps,"IEEE Trans. on Power Electron., vol. 30, no. 10, Oct. 2015.

[10.5] R. Erickson, D. Maksimovic, Fundamentals of Power Electronics, 2nd ed. Kluwer Academic Publishers, New York, 2004.

찾아보기

ㄱ

가스 방전 램프 43
공진형 컨버터 98
광냉광 13
광도 40
광속 38
광원 27
굴절 20

ㄴ

냉광 12
눈부심 35

ㄷ

다이악 135
등기구 12

ㅁ

마찰냉광 13
막대 세포 22
명도 24

ㅂ

반사 20
방열 147
방열 설계 147
백색 LED 60
백열광 12
밸리-필 방식 120
벅 PFC 121
벅 컨버터 70
벅-부스트 PFC 122
벅-부스트 컨버터 70
변위 역률 118
복사속 38
복사측정학 38
부스트 PFC 121
부스트 컨버터 70
블리딩 방식 137
비시감도 38
빛 9

ㅅ

색 공간 26
색 온도 41
색상 24
색의 삼요소 24
생물냉광 13
선형 레귤레이터 69
소신호 모델링 108
소신호 해석
소프트 스위칭 98
속시 기동 141
순시 기동 141
스위칭 레귤레이터 70
시각 9
시감도 38

ㅇ

역률(PF) 117
역률교정회로(PFC) 119
연색지수 41
열 전달 경로 149
열 전달 모드 148

원추 세포 22
위상 절개 방식 134
인광 13

ㅈ 자기식 발라스트 139
전기냉광 13
전압-초 균형 102
전자식 발라스트 139
전하 균형 103
점등회로(발라스트) 43
조광(dimming) 133
조도 40
조명 9

ㅊ 채도 24
청색 LED 61
최대 전류 제어 방식(PCC) 159
측광학 38

ㅌ 트라이악 133
트라이악 조광기 133

ㅍ 펄스 폭 변조 (PWM) 73
포워드 컨버터 95
풀 브리지 컨버터 97
프레넬의 법칙 21
플리커 (flicker) 73

ㅎ 하프 브리지 컨버터 96
형광 13
형광등 발라스트 138
화학냉광 13
휘도 41
히스터레틱 제어 방식 161

영문 BCM (경계 전도 모드) 103
CCM (연속 전도 모드) 103
CIE 1931 XYZ 색 공간 27
CIE 다이어그램 41
CUK 컨버터 92
DCM (불연속 전도 모드) 103
Flyback PFC 126
Flyback 컨버터 94
high-side 감지 방식 159
LED 9
LED 구동회로 65
LED 조명 표준 75
LLC 공진형 컨버터 169
low-side 감지 방식 159
RGB 색 공간 27
SEPIC 91

LED 조명용 구동 회로

2015년 12월 10일 제1판 1쇄 인쇄 | 2015년 12월 15일 제1판 1쇄 펴냄
지은이 정항근 | **펴낸이** 류원식 | **펴낸곳** 청문각 출판

주소 (10881) 경기도 파주시 문발로 116(문발동 536-2) | **전화** 1644-0965(대표)
팩스 070-8650-0965 | **등록** 2015. 01. 08. 제406-2015-000005호
홈페이지 www.cmgpg.co.kr | E - mail cmg@cmgpg.co.kr
ISBN 978-89-6364-250-5 (93550) | 값 20,000원

*잘못된 책은 바꿔 드립니다. *저자와의 협의 하에 인지를 생략합니다.